家常汤煲分步详解

7天学会煲汤

杨濡池 魏倩⊙编著

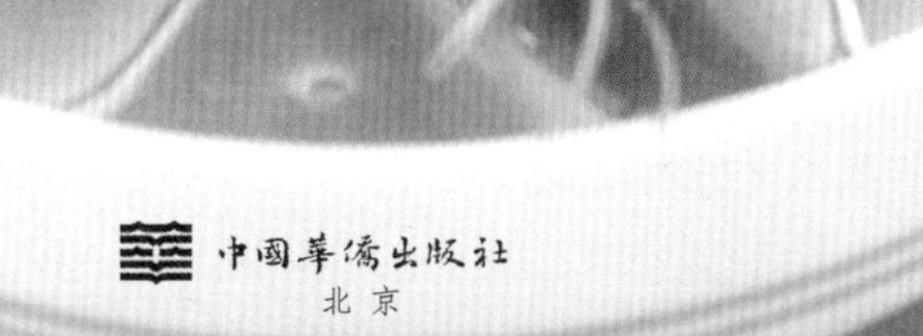

北京

图书在版编目(CIP)数据

家常汤煲分步详解：7天学会煲汤 / 杨濡池，魏倩编著. —北京：中国华侨出版社，2014.12（2020.8重印）

ISBN 978-7-5113-5072-5

Ⅰ.①家… Ⅱ.①杨… ②魏… Ⅲ.①汤菜—菜谱 Ⅳ.①TS972.122

中国版本图书馆CIP数据核字（2014）第297161号

家常汤煲分步详解：7天学会煲汤

编　　著：杨濡池　魏　倩
责任编辑：彬　彬
封面设计：冬　凡
文字编辑：李华凯　朱立春
美术编辑：吴秀侠
经　　销：新华书店
开　　本：720mm×1020mm　1/16　印张：14　字数：280千字
印　　刷：三河市金元印装有限公司
版　　次：2015年2月第1版　2020年8月第3次印刷
书　　号：ISBN 978-7-5113-5072-5
定　　价：52.00元

中国华侨出版社　北京市朝阳区西坝河东里77号楼底商5号　邮编：100028
法律顾问：陈鹰律师事务所
发 行 部：（010）88893001　传　真：（010）62707370
网　　址：www.oveaschin.com　E-mail：oveaschin@sina.com

前言

千百年来，中国人用煲汤的方式，充分利用自然食材的营养功效，通过时间和火候的作用，把食物的营养“煲”入汤中，将汤变成盛在碗里的美味“营养师”。一碗色、香、味俱佳的汤，不仅可以滋润肠胃、补益身体、守护健康，更能让家人在品味美食的同时享受天伦之乐，或让你在朋友聚会时大显身手，增进友谊，而闲暇之时在家煲汤给自己喝，也算是对平日紧张生活节奏的一种调节。

可是汤煲种类繁多，营养搭配和火候掌握等看起来又比较微妙，因此很多人不是感叹自己外行，就是自觉手艺不精，时常感到无从着手、力不从心。在匆忙的生活节奏下，需要多长时间才能学会煲汤，是初学者最关心的问题，对于厨艺不精的人来说，怎样在最短的时间内晋级为煲汤高手，则是其最迫切的需要。

本书就是一本家常汤煲自学速成教材。它集各种老火汤、清汤、香汤、鲜汤的做法于一册，根据常见食材而细分为活色生香蔬菜汤、浓香滋补畜肉汤、鲜香营养禽蛋汤、鲜嫩醇美水产汤、美味养生菌藻豆汤、清爽香甜水果汤等，堪称家常美味汤煲大全。全书用通俗易懂的语言、清晰的操作步骤和海量的图片，详细讲解煲汤的基础知识和每道汤煲的烹饪技法，即使是厨房新手，也能在短时间内登堂入室，煲出一手好汤。

书中首先会教你一些煲汤的技巧，让你轻松入门。然后开始手把手教你各种靓汤的具体做法，包括所用原料、调料的数与量、具体操作步骤及一些注意事项等。其中做法介绍详细，烹饪步骤清晰，每道汤品不仅配有精美的成品彩图，更是针对制作中的关键步骤配以分解图片直观说明，读者可以一目了然地了解制作要点，一看就懂，一学就会。

法国著名烹调专家路易斯·古斯说：“汤是餐桌上的第一美味，汤的气味能使人恢复信心，汤的热气能使人感到宽慰。”现代人越来越注重生活质量，对营养美味汤也日渐青睐有加。怎样才能轻松做出一道拿手的家常营养美味汤呢？按照本书介绍的知识和步骤去学习和操作，定能让你轻松煲出一手好汤，为你的餐桌增添色彩，为你的生活增添暖意，天天尽享口福。

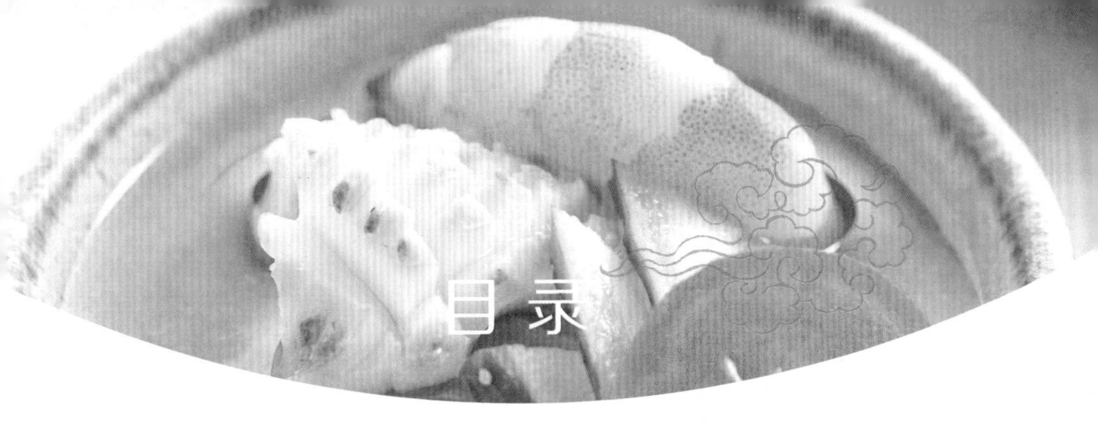

目录

第1天 家常汤煲轻松入门

第2天 煮出活色生香蔬菜汤

第3天 炖出浓香滋补畜肉汤

第4天 煨出鲜香营养禽蛋汤

第5天 烩出鲜嫩醇美水产汤

第6天 焖出美味养生菌藻豆汤

第7天 煲出清爽香甜水果汤

第1天

家常汤煲轻松入门

家常汤煲之技巧

汤煲的基础技巧和技法

在开始制作汤煲之前，我们应该掌握一些烹饪的基本制作技巧，如焯水、过油、挂糊、勾芡等等，这些技巧在烹饪中时常会用到，了解和学习这些技巧能够帮助我们制作出更加美味的汤煲。

⊙ 焯水

焯水也称为飞水，是指把经过初加工后的烹饪原料，根据其不同的用途放进不同温度的水锅中加热到半熟或全熟的状态，以备进行下一步处理的初步热处理。

焯水的作用一般有三个：对于一些色泽鲜艳的叶菜类新鲜蔬菜来说，能够使这些蔬菜做熟后颜色鲜艳并能除去菜本身的苦涩味；对于一些动物性烹饪原料来说，能够除去这些食材的血污和异味，是烹饪这些食材中重要的一步；在制作一些菜肴的时候，要用多种原料配合，而原料中有性质不同及成熟时间差距较大的，通过将那些较难熟的原料先焯水至一定成熟度，能够调整菜肴的烹制时间。

焯水根据放入原料时水温的高低，分为冷水焯和沸水焯两种方法。

◆ 冷水焯

冷水焯，是将原料与冷水同时下锅。水要没过原料，然后烧开，目的是使原料成熟，便于进一步加工。土豆、胡萝卜等因体积大，不易成熟，需要煮的时间长一些。有些动物性原料，如白肉、牛百叶等，也是冷水下锅加热成熟后再进一步加工的。有些用于煮汤的动物性原料也要冷水下锅，在加热过程中使营养物质逐渐溢出，使汤味鲜美，如用热水锅则会造成蛋白质凝固。

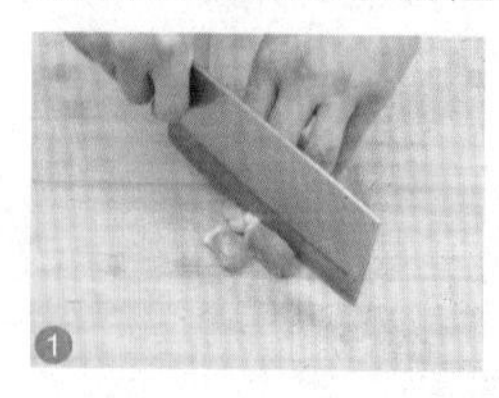

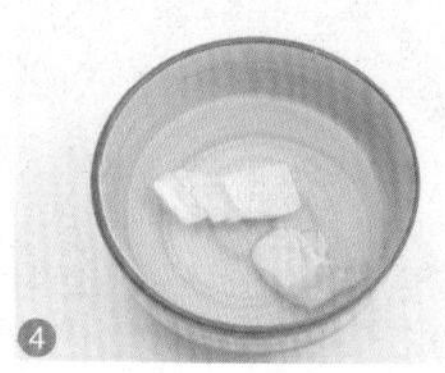

① 将食材洗净后加工好。

② 锅中加入适量清水，放入食材，加热。

③ 将食材焯煮至菜肴需要的状态。

④ 捞出食材，将其过凉、洗净。

◆ 沸水焯

沸水焯，就是将锅内的水加热至滚开，然后将原料下锅。下锅后及时翻动，时间要短，要讲究脆嫩，不要过火。这种方法多用于植物性原料，如芹菜、菠菜、莴笋等。焯水时要特别注意火候，时间稍长，颜色就会变淡，而且也不脆嫩。放入锅内后，水微开时即可将其捞出、凉凉。

① 将食材择洗干净。

② 置锅火上，加入适量清水煮沸。

③ 将食材放入锅中焯烫。

④ 捞入冷水冲过凉、攥干，再根据菜肴需求切成合适的形状。

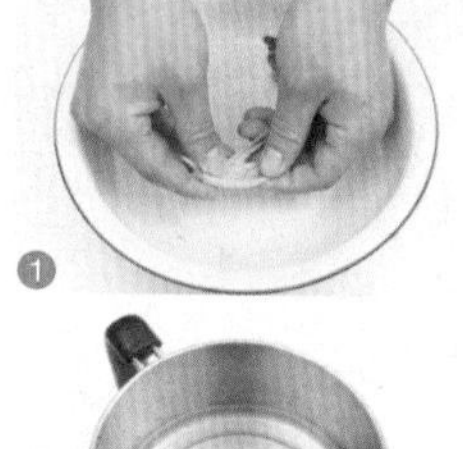

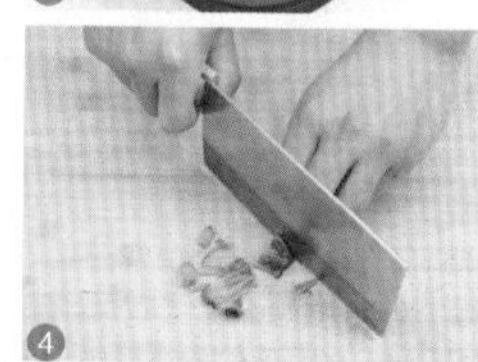

⊙ 过油

过油是将加工成形的原料放入油锅中，加热至熟或炸制成半成品的熟处理方法。过油能在一定程度上改变食材的形状、色泽、气味、质地等，使菜肴富有特色，能够缩短烹饪时间，还能去除食材本身的的异味。

过油的技巧性比较强，其中油温的高低、食材的性质、火力的大小、过油时间的长短、油和食材的比例等都会对最终的效果产生一定的影响。

⊙ 油温

油温，指即将投料时锅中油的热度。油的温度通常被称为“几成热”，每成热为 35℃左右。根据油的温度，一般分为低温油、中温油以及高温油。

◆ 低温油

低温油也称为三四成热，油温在 90℃~120℃，此时油面平静，无声响和青烟，浸滑原料时周围无明显气泡。

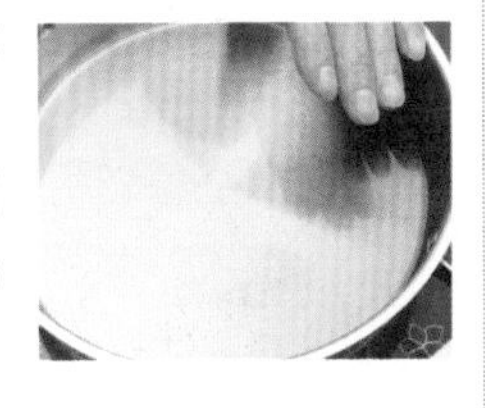

◆ 中温油

中温油也称为五六成热，油温在 150℃~180℃，此时油从四周向中间徐徐翻动，略有青烟升起，浸炸原料时原料周围出现少量气泡。

◆ 高温油

高温油也称为七八成热，油温在 200℃~240℃，此时油面从中间向上翻动，青烟四起并向上冲，浸炸原料时原料周围出现大量气泡翻滚并伴有爆裂声。

⊙ 过油的分类

◆ 滑油

滑油又称拉油，油温多在三成热以上、五成热以下，原料多为丁、丝、片、条等上浆后的小型原料。滑油时应尽量迅速，以减少原料在滑油过程中损失的水分。

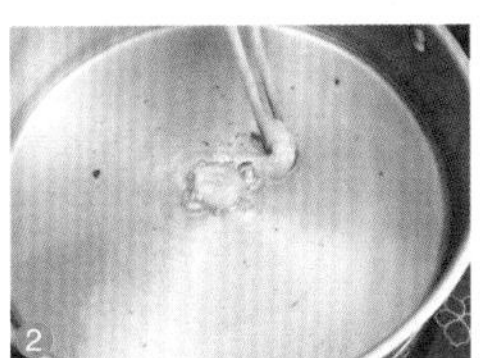

◆ 走油

走油又称炸油，走油的油温一般在七八成热，原料多为大型原料，通过走油达到炸透、上色、定型的目的。

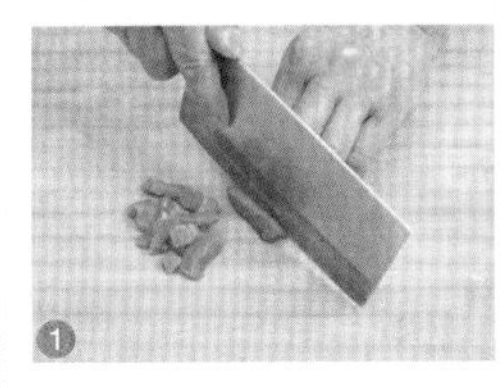

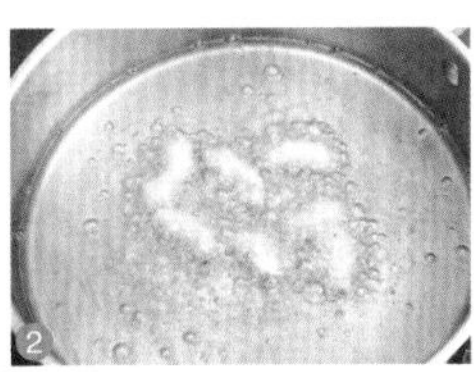

⊙ 挂糊

挂糊是我国烹饪中常用的一种技法，又被称作“着衣”，即在烹制之前，将经过初加工的食材表面挂上一层薄薄的粉糊。这样可避免食材直接和高温的油接触，以保持食材内的水分和鲜味，使制成的菜肴酥脆可口。

因使用粉糊的原料不同，挂糊被分成很多种，比较常见的有以下几种：

◆ 蛋泡糊

❶ 将鸡蛋清倒入一个大碗中。

❷ 用打蛋器顺着一个方向连续搅打。

③ 继续搅打直到鸡蛋清呈泡沫状。

④ 碗中加入适量干淀粉，搅拌至均匀无颗粒。

◆ **蛋黄糊**

① 将蛋黄打入碗中搅拌。

② 碗中加入适量面粉（淀粉亦可），搅拌一下。

③ 碗中加入少许植物油。

④ 充分搅拌蛋黄糊。

◆ **蛋清糊**

① 将面粉和淀粉在碗中混合均匀。

② 加入鸡蛋清和少许水混合成可以在原料表面形成均匀面糊层的稀面糊。

③ 可以根据自己的口味，在稀面糊中加入盐和胡椒粉。

④ 把食材放入蛋清糊中均匀地沾上蛋清糊，即可下锅油炸。

◆ **全蛋糊**

① 将鸡蛋打入碗中，搅拌均匀。

② 碗中加入适量面粉、淀粉调匀。

③ 碗中加入少许植物油，充分搅拌均匀。

◆ **发粉糊**

① 在发酵粉中倒入少许清水，搅拌均匀。

② 将面粉和发酵粉水放入碗中调匀。

③ 在碗中倒入适量冷水调稀，静置20分钟。

◆ **干粉糊**

① 在碗中加入适量面粉，再加入同样量的淀粉。

② 将两种粉混合均匀，过筛后放入盘中备用。

❸ 待炸的原材料直接蘸干粉，入锅炸至金黄色即可。

⊙ 上浆

上浆是指根据菜肴特点的要求，在加热前将食材用淀粉、蛋液等辅料拌和，挂上一层薄浆的技术措施。上浆适用于质嫩、形小、易成熟的原料，经过上浆处理的食材，比较容易保持食材的形态、嫩度和营养成分，使制成的菜肴获得更好的口感。

上浆的目的在于通过为原料最大限度地补充水分，来提高菜肴的嫩度。浆中所使用的水、蛋液、盐、苏打都是为这一目的服务的。另外，通过上浆还可以影响烹调操作和菜肴特点的最终形成。

根据上浆时用料形式的不同，可以把浆分为以下几种：

◆ 蛋清粉浆

蛋清粉浆主要用料有蛋清、淀粉、盐等调味品。其可使菜肴柔滑松嫩、色泽洁白，多用于爆、炒、溜类菜肴，如炒虾仁、溜鱼片等。

❶ 将食材清洗干净，沥干水分。

❷ 将食材加入碗中，加入一个鸡蛋清。

❸ 食材中加入适量淀粉。

❹ 将碗中的材料充分搅拌均匀。

或者另一种上浆法：

❶ 将食材用盐腌渍一下。

❷ 碗中加入淀粉，在淀粉中倒入适量清水调匀。

❸ 碗中加入蛋清，搅拌均匀。

❹ 将腌渍好的食材放入碗中搅匀。

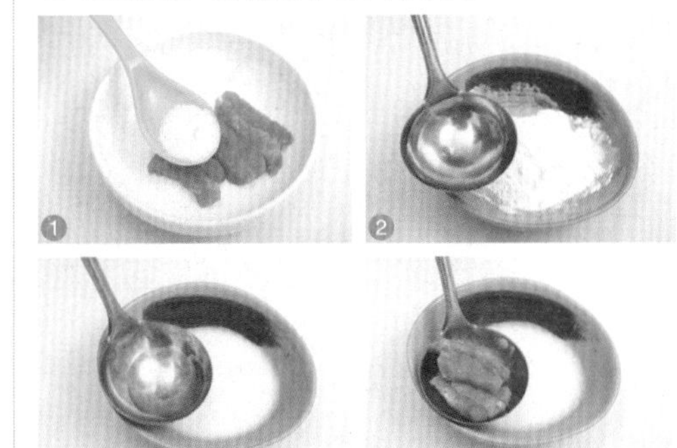

◆ 水粉浆

水粉浆调制的主要用料是淀粉、清水，浆的稀稠度以能裹住原料为宜，多适用于含水量较多的烹饪原料（鱿鱼、腰子、猪肝等），如爆炒鱿鱼卷、荔枝腰花等菜肴。

❶ 将淀粉放入碗中。

❷ 碗中倒入清水充分搅拌得到水粉浆。

③ 将处理好的食材放入碗中搅拌均匀以上浆。

◆ 全蛋粉浆

全蛋粉浆的主要用料有全蛋（蛋清、蛋黄均用）、淀粉等调味品，制作方法与用料标准基本上同蛋清粉浆。其作用可使菜肴滑嫩，微带黄色。多用于炒菜类及烹调后带色的菜肴，如辣子肉丁、酱爆鸡丁等。

① 将食材处理好，放入碗中，打入一个鸡蛋。
② 用筷子轻轻搅拌均匀。
③ 碗中加入适量淀粉，搅匀。
④ 碗中加入少许植物油，搅匀。

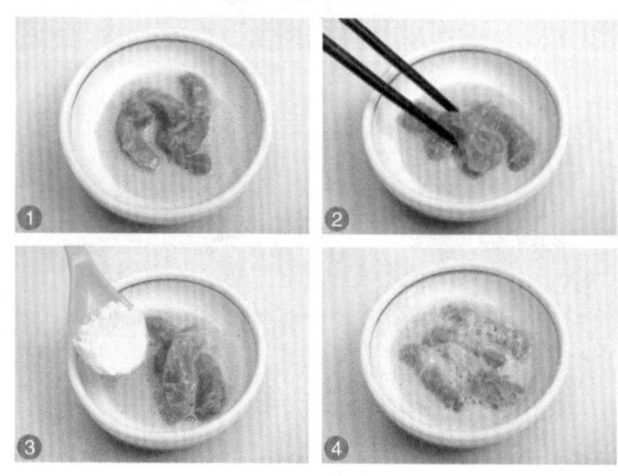

◆ 苏打浆

苏打浆主要用料有蛋清、淀粉、小苏打、水等，其可使菜肴松嫩，适用于质地较老、纤维较粗的牛、羊肉等原料，如蚝油牛肉等。

① 将食材洗净切块。
② 先用小苏打、盐、水等调味品腌渍一下原料。
③ 然后加入蛋清、淀粉拌匀即可。

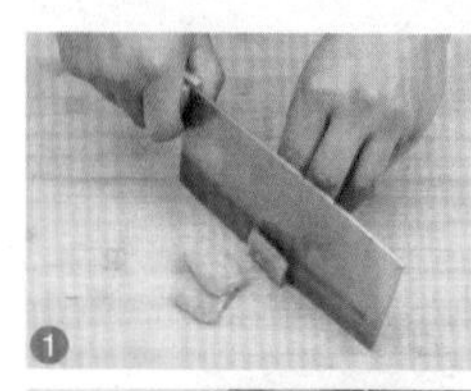

◆ 脆浆

脆浆是粤菜的一个特色，脆浆炸也是粤菜中具有特色的烹调技法之一，制作方法为将加工好的半成品食材蘸脆浆后入油锅炸制而成。成菜多色泽金黄，外香脆、里鲜嫩。经典菜式有炸脆奶、脆皮海鲜卷、锅贴小唐菜等。

① 将面粉、玉米淀粉、泡打粉和盐放入碗中。
② 慢慢倒入温水，调均。调制时注意要慢慢用水将所有的粉调开，但不要顺着一个方向调，以免起筋。
③ 将色拉油放入调好的浆糊中，调均，放置20分钟后即可使用。

⊙ 刀工

刀工是是根据烹调与食用的需要，将各种原料加工成一定形状，使之成为组配菜肴所需要的基本形体的操作技术。刀工不仅影响着菜肴成品的美观程度，也影响着菜肴的口感好坏：无论切配什么原料，都必须大小相同、厚薄均匀、长短整齐、粗细相等，否则烹制时小而薄的原料已熟，大而厚的原料还生，会影响菜肴的口感。在进行刀工操作中，尽量保证食材条与条、丝与丝、块与块之间都没有连接，或似断非断。此外，原料切配成形要适应不同的烹调方法。

◆ 握刀

握刀的手势与食材的质地和所用的刀法有关。在一般情况下，你可以用右手拇指、食指捏住刀的后根部，其余三指自然合拢，握住刀柄，

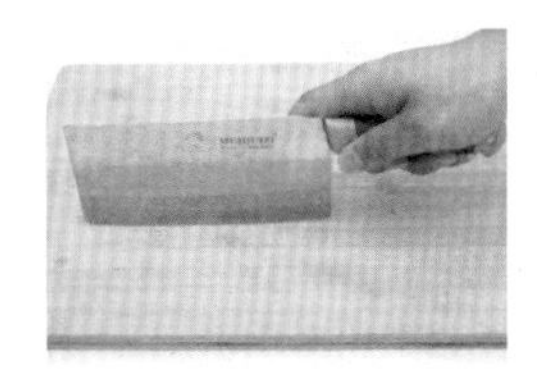

掌心稍空，不要将刀柄握死，但要握稳，左手按住原料，不使之移动，并注意双手相互配合。

◆ 扶料

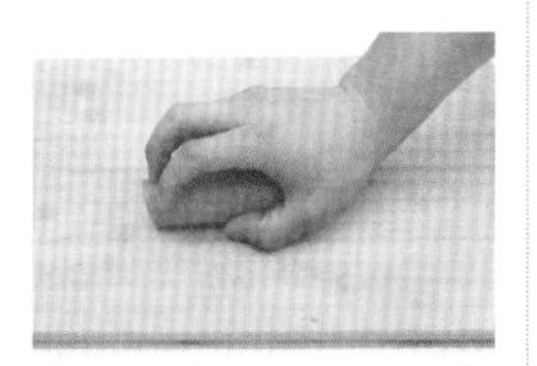

扶料时要五指合拢，自然弯曲呈弓形，后手掌及大拇指内侧紧贴食材，中指指背第一关节凸出顶住刀膛。

⊙ 刀法

◆ 直刀法

❶ 直切：左手按稳原料，右手持刀，一刀一刀笔直切下，着力点布满刀刃，前后力量一致。

❷ 推切：刃口由后向前推进，力点在刀的后端，一刀推不到底不再拉回来，切断原料。

❸ 拉切：将刀对准被切的原料上由左前方向右后方拉刀。

❹ 锯切：切料时用力较小，落刀慢，推拉结合的刀工技法，如拉锯一样。

❺ 铡切：方法有两种，一是右手握刀柄，左手握刀背前端，先把刀尖对准物体要切的部位按住，勿使刀滑动，再用右手向下按刀柄，将被切物铡断；另一种铡切是将刀跟按在原料要切的部位上，右手握住刀柄，左手按刀背前端，两手同时或交替往下按，铡断被切物。

❻ 滚切：在改刀小而脆的圆形或椭圆形的蔬菜原料块时，必须将原料边切边滚动，操作方法是是左手按稳原料，右手执刀与原料垂直，每切一刀，将原料滚动一下。

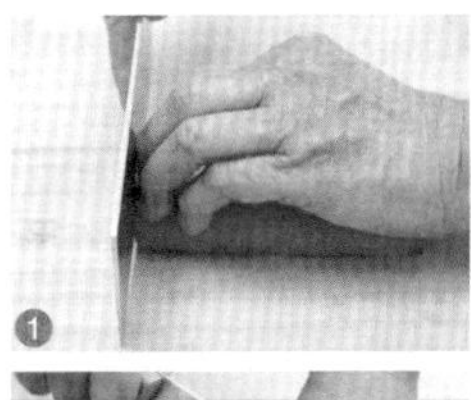

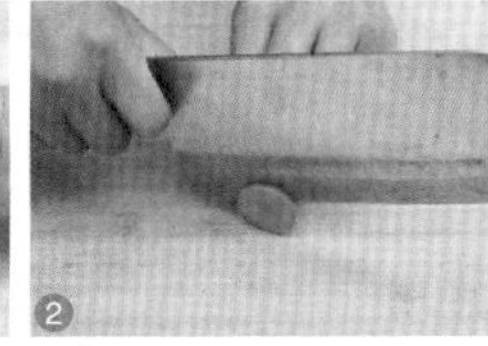

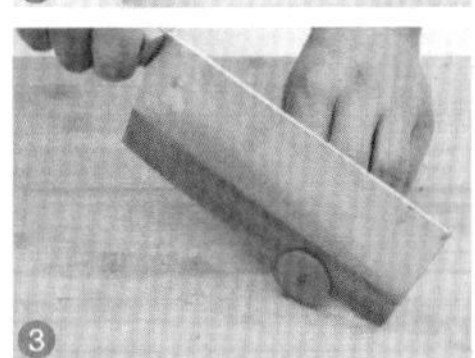

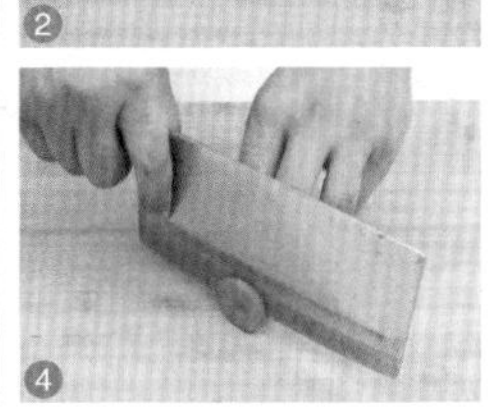

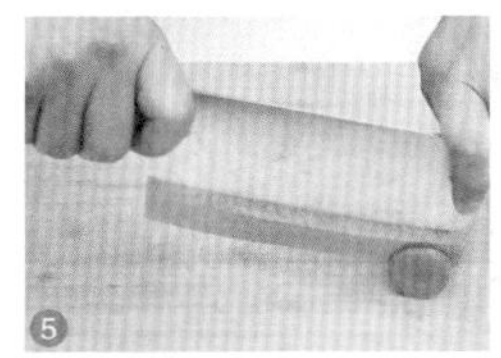

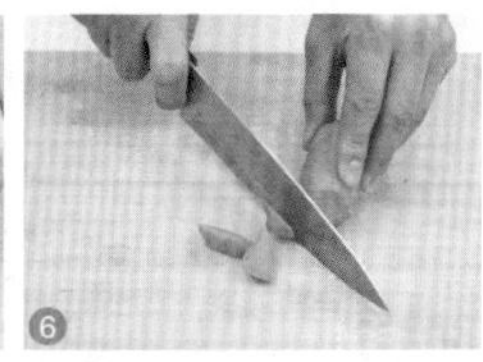

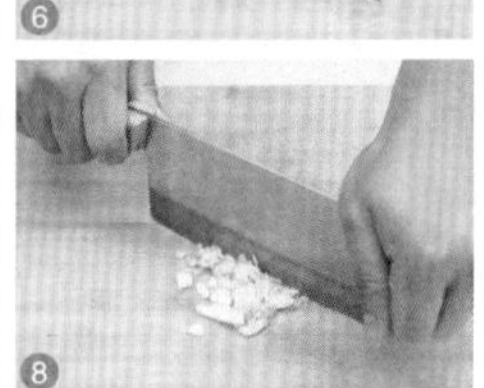

❼ 劈：劈适用于带骨的或者质地坚硬的原料，劈时用大小臂的力量，用力将原料劈开。

❽ 斩：斩是将原料制成茸或末状的一种刀法，一般适用于无骨的原料。通常是左右两手同时执刀，间断落刀，因此也称为排斩。

◆ 平刀法

平刀法在操作时，刀与砧板基本呈平行状态，刀刃由原料一侧进刀，从另一侧出来，从右到左，将原料片开的一种刀法。

◆ 斜刀法

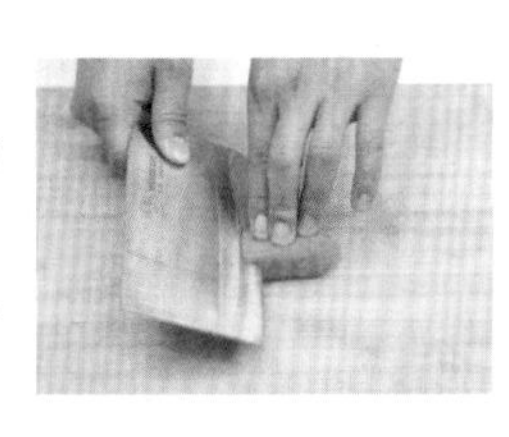

斜刀法是刀面与砧板面成小于90° 角，刀刃与原料成斜角的一种刀法。

◆ 剞刀法

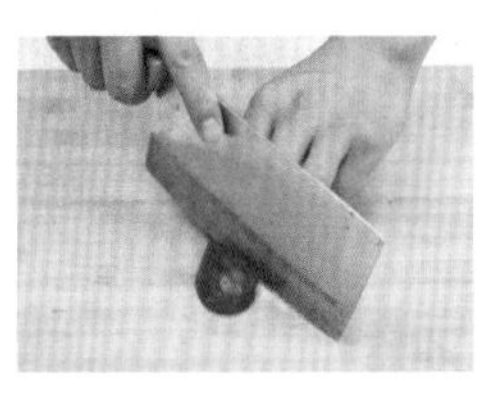

剞刀法又称锲刀、混合刀法，是将原料划上各种刀纹，但不切断。剞的目的是为了使原料在烹调时易入味，在旺火短时间内时菜肴可迅速成熟，并保持脆嫩。

汤煲的八大技法

⊙熬

熬是指将经初加工的食物放入锅中用大火烧沸后再转小火熬至汤汁浓稠、食材熟烂的烹饪方法。熬的手法与炖相似，但时间更长一些，适用于烹制胶质丰富的食材，用这种方法做出的汤羹往往汁稠味浓。

◆排骨熬双菇白菜

原 料：排骨500克，白菜200克，白玉菇、蟹味菇各100克。

调 料：葱、姜、盐、胡椒粉、料酒各适量。

做 法：

1. 排骨洗净斩块，焯去血水。
2. 白菜洗净切丝；蟹味菇、白玉菇分别洗净；姜洗净切片；葱洗净切段。
3. 锅中加入适量清水，排骨放入锅中，加入葱段、姜片、料酒，大火煮沸后转小火煮1小时左右。
4. 将白玉菇和蟹味菇放入锅中煮10分钟左右。
5. 下入白菜再煮5分钟。
6. 加入适量盐、胡椒粉调味即可。

小贴士：熬汤最好是用冷水。因为一般的肉骨头上总带有一点肉，如果一开始就往锅里倒热水或者开水，肉的表面突然受到高温，肉的外层蛋白质就会马上凝固，使得里外层蛋白质不能充分地溶解到汤里，只有一次加足冷水，并慢慢地加温，蛋白质才能够充分溶解到汤里，汤的味道就鲜美。另外，熬汤不要过早放盐，盐能使得肉里含的水分很快地跑出来，也会加快蛋白质的凝固，影响汤的鲜味。酱油也不宜早加，其他的佐料，像葱、姜和酒不要放得太多，否则会影响汤汁本身的鲜味。

⊙炖

炖是将食材加汤水和调味品，大火烧沸再转小火长时间烧煮成菜的一种烹调方法。炖适用于烹制带骨、带皮的食材，但在开始炖制之前，要去除食材本身的腥味。炖可以分为隔水炖和直接炖，用这种方法烹饪出的菜肴酥烂味厚、清鲜爽口，如清炖甲鱼、冬瓜盅等。

◆炖鱼

原 料：鲤鱼1条，五花肉适量。

调料：蒜、姜、葱、干辣椒、八角、花椒、酱油、醋、盐、料酒各适量。

做法：

❶ 将鱼收拾干净，去除腥线，控干水分；蒜去皮切碎；姜洗净切成姜片；葱洗净切成葱段。

❷ 锅置火上，将五花肉煸出油。

❸ 鱼下锅，两面略煎至微黄，加少量的料酒烹一下。

❹ 将蒜、姜片、葱段、干辣椒、八角、花椒下入锅中。

❺ 加入五花肉及2勺半酱油、一勺醋调味，倒入适量清水，清水即将没过鱼身即可。

❻ 大火加盖子煮开，再煮10分钟左右。

❼ 锅中加入适量盐，然后改小火炖30~60分钟。

❽ 最后大火收汁即可。

小贴士：为了平衡营养，炖汤时大多是将动物原料和植物原料搭配在一起，这时动物原料要先炖煮，将汤煮好后再加入植物原料。为了得到营养和较好的口味，动物原料需要用文火慢炖2小时以上，才能使其蛋白充分溶解在汤中；而除了大块的根茎类的原料，植物原料不需要炖太久，大多植物原料断生即可。

⊙ 焖

焖是将经过初步熟处理后的原料放锅中，加入适量清水和调味品，盖上锅盖，用小火长时间加热至熟的一种烹调方法。焖是我们经常使用到的烹饪方法之一，适用于韧性较强、质地细腻的动物性原料，如鸡、鱼等，用这种方法制汤煲可使菜肴形态完整、汁浓味厚。

◆ 酸汤牛腩

原料：牛腩500克，小番茄100克，野山椒30克。

调料：盐5克，四川泡菜酸汤200毫升，油、姜各适量。

做法：

❶ 将牛腩用清水冲洗干净，切成小块。

❷ 小番茄用清水洗净备用；姜洗净，切成小片。锅中加入适量清水，放入牛腩和姜片，大火煮沸后转小火慢慢炖煮60分钟，使牛腩中的脂肪融入汤中。

❸ 将牛腩块捞出沥干水分待用。

❹ 中火烧热锅中的油，待烧至五成热，将小番茄整个放入，用小火慢慢煎至表皮皱起。

❺ 将四川泡菜酸汤倒入锅中，再加入适量清水煮沸。

❻ 放入野山椒和牛腩，大火煮沸后转小火煮20分钟。

❼ 在汤中加入适量盐即可。

小贴士：焖可以分为红焖和黄焖，二者的烹调方法和用料都一样，只是调料有所差别。红焖所用酱油和糖色比黄焖多。红焖菜为深红色，黄焖菜呈浅黄。焖菜过程要盖严锅盖，不可中途打盖加汤和调料。这样，才能保证菜肴的原汁原味。因焖不用大火收汁，所以焖菜的汁不可多，放汤或水的量要适宜。焖制的过程中要使主料在锅内不停运动，以免把锅烧糊。为了防止这一点，可在焖前在锅底码放一层葱、姜或放上竹箅子。

⊙ 煨

煨是指将经过炸、煎、煸、炒或水煮的原料放入陶制器皿中，加葱、姜、料酒等调味品和汤汁，大火烧沸后转小火长时间煨至熟烂的烹调方法。煨与焖技法相似，不同之处在于煨不须勾芡，而焖有时要勾芡。这种方法适用于烹制质地较老、纤维较粗、不易成熟的材料，制成的菜肴口味醇厚、鲜香不腻，如煨鱿鱼丝、红煨牛肉等。

◆ 板栗白果煨土鸡

原料：土鸡1只，板栗50颗，白果10粒，红枣10颗，枸杞子适量。

调料：盐、料酒各适量。

做法：

❶ 将土鸡收拾干净，剁成块。

❷ 将土鸡块焯水备用。

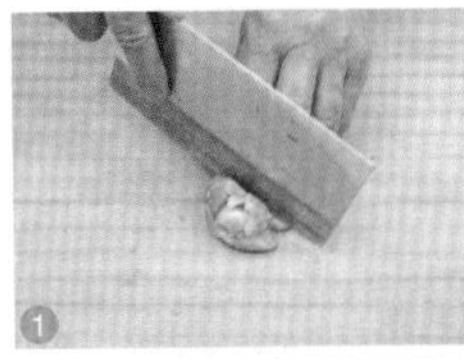

3 锅中放入适量油，烧热，倒入鸡块翻炒一下。

4 锅中加入料酒，煸炒出香味。

5 将板栗、白果、红枣加入锅中，再加入适量清水，大火煮开后转小火煨 2 小时。

6 放入枸杞子煨半小时，再加入适量盐调味即可。

小贴士：浓汁白汤为清煨，浓汁红汤为红煨。煨菜不挂糊、不上浆，煨前也不需用调味品浸渍，有的要将原料出水，砂锅或瓦钵内要垫上竹箅子，以防烧糊。按配料的性能，原料加入顺序无严格规定，有的同时加入，有的中途加入，有的先走油后放入。调味品一般在原料接近软烂时加入，或在装盘后将原汤再调味。

⊙煮

煮是将生料或经过初步熟处理的半成品，放入多量的汤汁或清水中，先用旺火烧沸，再用中小火烧熟的一种烹调方法。这种烹饪方法适用于多种原料，根据原料性质的不同，在煮制时也有不同的变化，制成的菜肴往往汤宽汁浓、味道清鲜，如鸡汤煮干丝、银丝鲫鱼汤等。

◆ 虾米粉丝煮芦笋

原料：芦笋 200 克，粉丝 50 克，虾米适量。

调料：盐、油、蒜、葱、高汤各适量。

做法：

1 芦笋洗净去皮，切段备用；粉丝用温水泡软备用；蒜去皮切碎；葱洗净，切成葱花。

2 虾米洗干净，用少许水泡软，泡虾米的水留下备用。

3 置锅火上，加入适量油烧热，下入蒜爆香。

④ 放入芦笋，翻炒一下，倒入适量高汤。

⑤ 锅中放入虾米及泡虾米的水，大火煮开后转中小火煮10~15分钟，至芦笋熟软。

⑥ 锅中加入粉丝稍煮，加盐调味，最后撒上葱花即可。

小贴士：动物原料一定要焯水、洗净再煮汤；煮汤开始一定是加入凉水，最好一次加足，如果在煮汤过程中需要加水，要加开水；在汤快开时要注意，先打去浮沫，直到汤面滚开后改为小火；煮汤一定是小火，并且要加盖子；调料要和汤料一起加入，待汤煮好后再使用盐、糖等调味；最好使用较高的容器来煮汤，这样汤不容易沸出以至扑灭炉火，也易于清洁。

⊙汆

汆是一种将加工成片、丝、条、丸的原料，放入沸水汤锅中快速烫熟的一种烹调方法。这种烹饪方法适用于小而嫩的无骨食材，在操作中要尽量迅速。汆和煮的区别在于，汆是直接把食材放入沸水锅中，并且烹制时间较短。用这种方法制成的菜肴汤多清鲜，质嫩爽口，如桃仁口蘑汆双脆、生汆丸子等。

◆ 酸菜氽白肉

原 料：东北酸菜500克，五花肉250克，干粉丝2捆，冻豆腐200克。

调 料：盐、葱、姜、八角各适量。

做 法：

① 酸菜洗净，切成细丝；冻豆腐解冻后切成厚片；姜洗净，切片；葱洗净，切段。

② 五花肉洗净，整块放入锅中，加入葱段、姜片、八角和大量清水，大火煮沸。

③ 转小火继续煮45分钟左右，其间不断撇出浮沫，煮至整块肉熟透。

④ 将肉块捞出彻底放凉，切成薄片，肉汤待用。

⑤ 捞出肉汤中的葱段、姜片、八角，大火煮沸后放入肉片、酸菜丝和冻豆腐片，再次煮沸后用中火继续煮10分钟左右。

⑥ 放入盐和粉丝，继续转用小火保持微沸，汆煮10分钟左右即可。

小贴士：汆制的菜品，讲究汤多而清鲜，质感脆嫩，菜形美观，鲜醇爽口。选用小形原料或将原料加工成片、丝、条状或制成丸子，根据原料质地掌握水的温度、原料投入的时间和加热的时间。水汆菜品一般使用清澈如水、滋味鲜香的清汤，也可用白汤，但浓度要稀一些，不上浆不勾芡。还有一种汆法，是先将料用沸水烫熟后捞出，放在盛器中，另将已调好味的、滚开的鲜汤，倒入盛器内一烫即成，这种汆法一般称为汤泡或水泡。

⊙ 烩

烩是一种将已经加工成片、丝、条、丁、粒的多种原料和调味料一起放入锅中，用旺火制成半汤半菜的一种烹调方法。烩的原料一般都要经过初步的熟处理，也可以配一些质地柔嫩、极易成熟的生料。烩制菜肴的时候有时需要勾芡。用这种方法制成的菜肴能够保持食材的鲜嫩及汤汁的鲜味，口味鲜浓，如酸辣肚丝汤、奶汤肚块等。

◆ 素烩汤

原料：土豆200克，西红柿150克，胡萝卜100克，鸡蛋1个，木耳10克。

调料：盐、鸡精、白糖、葱、姜、蒜、水淀粉各适量。

做法：

❶ 将土豆、胡萝卜洗净，切成丝；西红柿洗净，切块；鸡蛋打入碗中，搅拌均匀；葱洗净后切成葱花；姜、蒜洗净后切成末。

❷ 锅烧热，倒入食用油，烧至七成热后放入土豆丝和胡萝卜丝煸炒。

❸ 待土豆丝呈金黄色捞出沥油，胡萝卜丝也一同捞出，装盘待用。

❹ 锅内留少量底油，倒入葱、蒜爆香，再倒入西红柿和木耳煸炒。

❺ 当西红柿出红汁后倒入适量清水，煮沸。

❻ 锅中加入盐、白糖、鸡精，淋入水淀粉，倒入之前的土豆丝和萝卜丝，再次煮沸。

❼ 淋入蛋液，边倒边搅拌。加盖小火煮3分钟。

❽ 最后撒入葱花即可。

小贴士：烩菜对原料的要求比较高，多以质地细嫩柔软的动物性原料为主，以脆鲜嫩爽的植物性原料为辅，强调原料或鲜嫩或酥软，不能带骨屑，不能带腥异味，以熟料、半熟料或易熟料为主。烩菜原料均不宜在汤内久煮，多经焯水或过油，有的原料还需上浆后再进行初步熟处理。一般以汤沸即勾芡为宜，以保证成菜的鲜嫩。

烩菜因汤、料各半，勾芡是重要的技术环节，芡要稠稀适度，勾芡时火力要旺、汤要沸，下芡后要迅速搅和，使汤菜通过芡的作用而融合。勾芡时还需注意水和淀粉溶解搅匀，以防勾芡时汤内出现疙瘩粉块。

⊙蒸

蒸是一种把经过加工调味后的食品原料放在器皿中，再置入蒸笼，利用蒸汽使其成熟的烹饪方法。这种方法适用的材料比较广泛，根据材料不同的性质可以用猛火蒸、中火蒸或慢火蒸等不同的方法。这种烹饪方法的优点在于可以保持菜肴的营养和口味，如蒸鲜鱼、蒸水蛋等。

◆清蒸虫草素鸡

原 料：素鸡400克，虫草菌丝10克，鲜香菇50克，冬笋50克，豌豆苗50克。

调 料：盐3克，料酒10克，胡椒粉2克，姜5克，素汤约1000毫升，味精适量。

做 法：

❶ 把素鸡切成块；香菇、冬笋洗净，切片；将豌豆苗洗净，摘下嫩尖备用；姜洗净，切片。

❷ 把虫草菌丝放在小盘内，倒入适量的温开水，浸泡半小时，取出用清水逐一清洗干净。

❸ 将素鸡放入深碗中，香菇片、冬笋片码在素鸡的中间，再把虫草菌丝、姜片间隔着码在上面。

❹ 碗中注入素汤，汤没过食材即可。

❺ 把深碗放上屉蒸40分钟。

❻ 取出深碗后拣去姜片。

❼ 将素汤上火烧开，放入盐、味精、料酒、胡椒粉，调好口味，撒上豌豆苗。

❽ 将调好的素汤倒入深碗内即可。

小贴士：蒸菜对原料的形态和质地要求严格，原料必须新鲜、气味纯正。通常，对于蒸，火候的掌握非常重要，蒸得过老、过生都不行。一般来讲，蒸时要用强火，但精细材料要使用中火或小火。

汤煲美味的秘诀

是不是了解了煲汤的食材、调料和基本技法之后，我们就能做出一锅美味的汤来呢？答案是否定的，除了这些必备的知识，我们还应掌握一些煲汤很可能会用到的小窍门，这些秘诀能够帮助我们将汤做得更美味。

◆ 选料新鲜

如果没有好的原材料，技巧再高的厨师也不能保证做出一锅好汤来。在选择原材料时最重要的一个标准就是要新鲜。在购买制作汤煲的蔬菜、水果时，一定要挑选那些质地鲜嫩、不萎蔫的。在购买用来煲汤的动物性食材如鸡、鸭、排骨等，要选择新鲜、干净、颜色正常、没有异味的。所谓新鲜，是指鱼类、畜类、禽类最好在杀死后的3~5个小时之内进行烹调，用这样的食材烹制出的菜肴无论是营养还是味道都非常好。

◆ 材料搭配适宜

合理的材料搭配，不仅能使汤获得更好的口感，也能让汤的营养更均衡。那么如何搭配才算是均衡呢？煲汤的材料要尽量保持酸碱平衡、荤素搭配，最好不要选择品种单一的食材来煲汤；因为除了主食材之外，煲汤所用的辅料比较灵活多变，可以在选择煲汤材料时，根据饮汤者体质搭配材料，制作出更适合自身的汤品来。

◆ 掌握水的用量和用法

对于汤类菜肴来说，水的运用是非常重要的。水不仅是食品的传热媒介，还是汤的重要组成部分，加水量的多少直接关系到汤煲的口感。一般情况下，加水量为主要食材质量的2~3倍，但这个标准也并非绝对，喜欢喝汤的人可以在煲汤时多加些水，喜欢汤汁比较浓稠的人可以在煲汤时少加些水。有一点需要注意的是，在制作汤煲时，尽量要一次性把水量加足，如果确实需要中途加水，也要加入热水，以免影响汤的味道。

◆ 把握食材切放时机

一般在煲汤时需要放入几种不同的食材，而不同的食材由于性质不同，需要炖煮的时间也不尽相同，因此在往锅中加入食材时，一定要把握

好时机。一些需要长时间炖煮的材料，如肉、某些根茎类的蔬菜等，可以先放入锅中；一些比较易熟的嫩叶类蔬菜，在起锅前几分钟放入即可。还有一点需要注意的是，一些富含蛋白质和脂肪等营养物质的动物性食材，应放入冷水锅中进行烧煮，以免营养物质突然遇到高温凝固，形成外膜阻碍食材内部的营养物质的外溢。

◆ 掌握火候

正确地掌握和运用火候，是能否成功制作一道美味汤品的关键因素之一。汤对火候的要求很高，并不是所有汤都需要用大火长时间地熬煮，运用什么样的火候取决于食材的性质，如果错误用火，很容易破坏汤汁的味道和营养。

◆ 汤煲时间的讲究

做汤时间的长短对于汤的影响也很大，要使食材中的营养素充分溢出进入汤汁内，而又不破坏食材的营养，就要把握好做汤的时间。做汤时间并不是越长越好，而是要根据做汤所用食材的性质而定，如果汤中主料是肉鸡或者猪肉片，一般煮 2 小时左右即可；如果主料是猪棒骨、老母鸡或猪蹄等，一般要煮 3~4 个小时；如果汤中的主料是蔬菜或水果，则无须煮太久。

◆ 除异增鲜的技巧

用于制汤的食材，尤其是动物性食材，大多有不同程度的腥味和异味，这些味道融入汤中会严重影响汤的口感，因此做汤之前或在做汤的过程中就要采取一些办法来去除食材异味，增加汤的鲜味。在制作的动物性食物为主料的汤时，做汤过程中，可以适量添加一些姜、葱或者料酒，以去除食材异味。

◆ 调料添加要适时适量

有些人喝汤喜欢原汁原味，不喜欢往汤中加入过多调味品，担心破坏食材原有的鲜香味。的确，过多地加入调味品会影响汤的口感，破坏汤的营养成分，因此向汤中添加调味品时要注意用量。除了调味品的用量，添加调味品的时机也会影响汤的味道。一般来说，煮汤时，盐应当最后加，因为盐能使蛋白质凝固，有碍鲜味成分的扩散，如果早加会影响汤的味道。

◆ 撇净浮沫

汤中的浮沫多来源于食材中的血红蛋白、表面污物和水中的水垢等，当水温达到 80℃时，这些物质会漂浮在汤的表面，此时要用手勺将浮沫撇去，直至撇净为止，以免影响汤的色泽和气味。

常见高汤的熬制窍门

高汤是烹饪中常用的辅助原料，一般是将蛋白质、脂肪含量丰富的食材，放入清水锅中，经过长时间熬煮，将汤水留下用于烹调菜肴或制作汤羹菜肴，使菜肴味道更浓郁。高汤对于汤煲的制作十分重要，有了上好的高汤的辅助，汤煲的味道就能变得更加鲜美。在制作汤煲时添加不同种类的高汤，能使汤煲的味道更加多变，带给人们不同的味觉体验。

下面就来介绍几种常见高汤的制作方法：

◆ 奶汤

奶汤一般选取鸡骨、鸭骨、猪爪、猪肘、猪肚、猪骨等容易让汤色泛白的材料来煲制。

① 将所有食材洗净，需要切块的切块。

② 将处理好的材料放入锅中，加入适量清水，焯去血水。

③ 锅中加入适量清水，将焯好的食材放入锅中，大火煮沸后撇去浮沫。

④ 锅中加入姜片、葱段和少许料酒，小火煮至汤汁呈乳白色。

⑤ 将煮好的汤过滤一下即可。

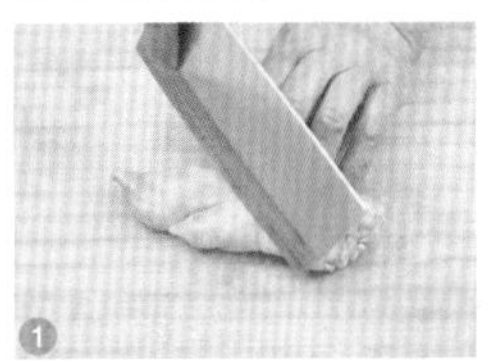

◆ 毛汤

制作毛汤的材料一般是鸡骨、鸭骨、猪骨、碎肉、猪皮等。

① 将所有食材收拾干净。

② 将需要切块的食材切成块。

③ 将处理好的材料放入锅中，加入适量清水，焯去血水。

④ 另起一锅，锅中加入适量清水，将焯好的食材

放入锅中，大火煮沸后撇去浮沫。

5 转小火持续熬煮，汤汁可随时取用。

◆ 普通清汤

普通清汤一般选用老母鸡搭配瘦猪肉来煲制。

1 将老母鸡和猪瘦肉洗净后切块，焯去血水。

2 锅中加入适量清水，放入处理好的鸡块和猪肉，大火煮开后撇去浮沫。

3 锅中放入姜片、葱段和少许料酒，小火熬煮2小时左右。

4 将煮好的汤过滤一下。

◆ 精制清汤

制作精制清汤时需要用到普通清汤和鸡脯肉。

1 将鸡脯肉洗净后剁成肉茸。

2 将剁好的鸡肉茸加入料酒、姜、葱腌制一下。

3 将腌制好的鸡肉茸用纱布包好。

4 锅中加入适量普通清汤，放入纱布包好的鸡肉茸大火加热，一边加热，一边用汤勺在锅中搅拌。

5 待锅内汤汁将沸时改用小火，煮至汤中浑浊悬浮物被鸡茸吸附。

6 捞出鸡肉茸即可。

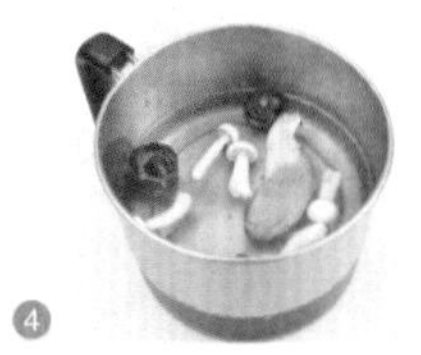

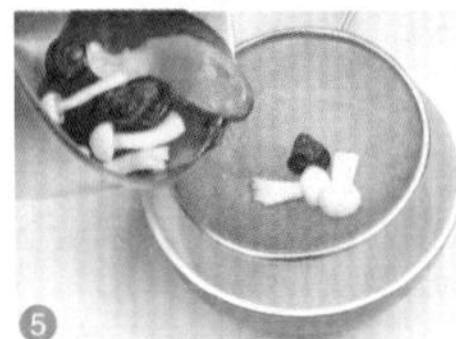

◆ **菌汤**

❶ 将需要泡发的菌类放入水中泡发。

❷ 将准备好的其他菌类分别择洗干净。

❸ 锅中加入适量清水，放入处理好的各种菌类，大火煮沸。

❹ 转小火煮制 2~3 小时，煮至汤汁变色。

❺ 将煮好的汤过滤即可。此底汤适用于各式汤品。

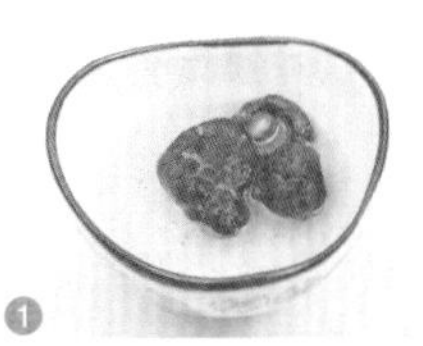

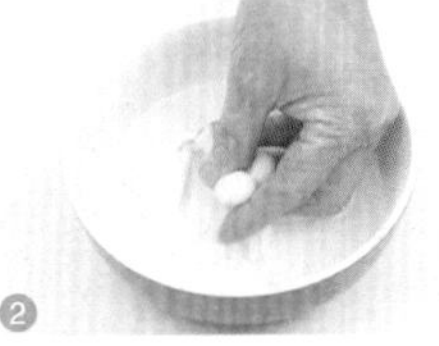

◆ **素汤**

❶ 取鲜笋根部，切成大块。

❷ 将香菇、黄豆芽、切好的笋块分别清洗干净。

❸ 锅中加入适量清水，放入洗好的笋块、香菇、黄豆芽，大火煮沸。

❹ 转小火煮制 2 小时左右，煮至汤汁发白。

❺ 将煮好的汤过滤一下即可。

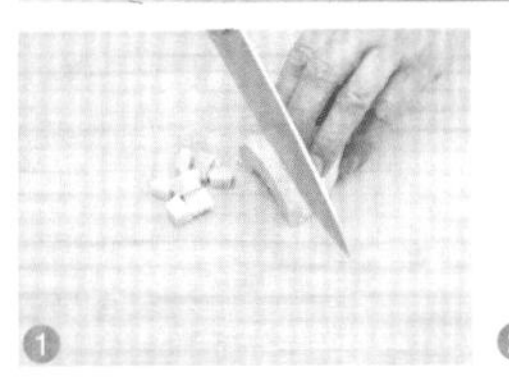

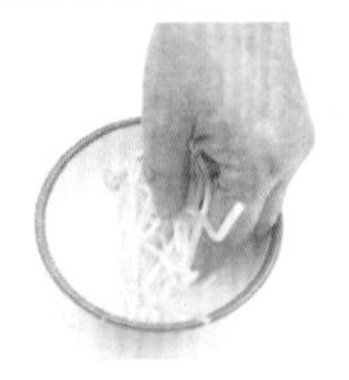

◆ 什锦果蔬汤

① 将各种蔬菜、水果清洗干净，切成块状。

② 将处理好的蔬菜和水果放入榨汁机中，加入适量清水搅打成汁。

③ 将搅打好的蔬果汁倒入锅中，煮开，即可作为海鲜、果蔬类汤品的汤底。

◆ 水果汤

① 将准备好的水果分别洗净，将需要去皮的水果去皮，切成块。

② 将切好块的水果放入锅中，加入适量清水，煮大约 30 分钟。

③ 将煮好的汤过滤即可。

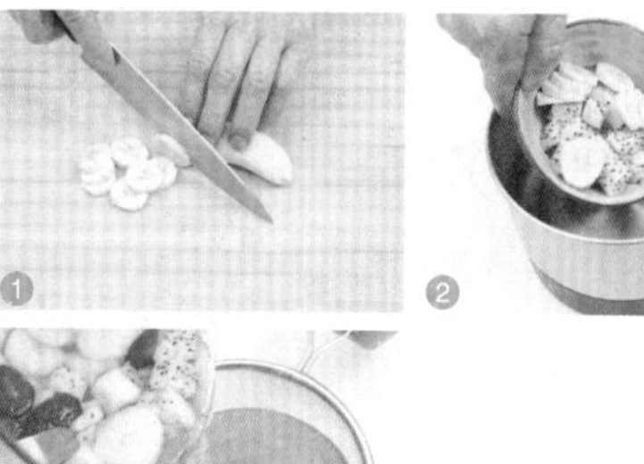

◆ 柴鱼汤

① 将海带洗净，入汤锅浸泡 20 分钟，中火煮沸。

❷ 转小火放入柴鱼片滚沸，撇去浮沫。

❸ 关火后滤出清汤，即可作为日式料理的基本调味汤底。

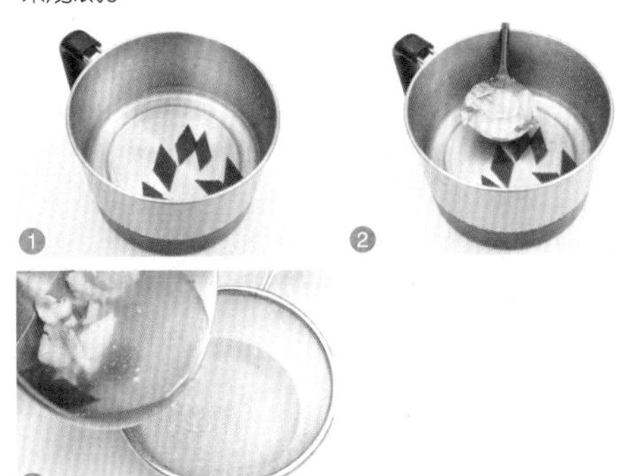

◆ 鱼汤

❶ 将新鲜的鱼收拾干净。.

❷ 片下鱼肉，切成片。

❸ 锅中加入适量清水，煮沸后放入鱼片。

❹ 再次煮沸后撇去汤中浮沫。

❺ 将煮好的鱼汤过滤即可，此底汤适用于各式汤品。

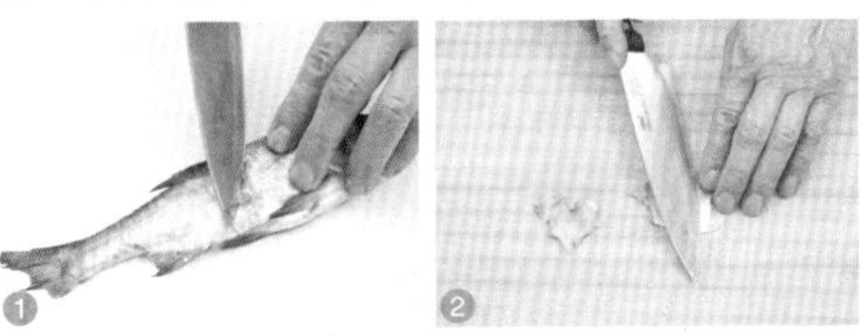

◆ 鳝骨汤

❶ 将鳝鱼骨斩成大段，清洗干净。

❷ 置锅火上，锅中加入适量油，烧热，下入葱段、姜片爆香。

❸ 锅中放入处理好的鳝鱼骨和适量料酒，炒至鳝鱼骨变色后加入适量清水。

❹ 小火煮至汤汁变白后，将汤汁中的鳝鱼骨和其他杂质滤去即可。

◆ 泡菜汤

❶ 将猪骨清洗干净，斩成块，焯去血水。

❷ 将处理好的猪骨放入汤锅中，加入姜片和葱段，小火煲制 3 小时左右。

❸ 待汤汁煮成乳白色，放入泡菜，继续煮 30 分钟。

❹ 将煮好的汤过滤一下，此汤即可作为蔬菜和水果类汤品的底汤。

◆ 咖喱汤

❶ 将牛骨斩件后清洗干净。

❷ 将牛骨放入沸水中焯去血水。

❸ 将焯过水的牛骨放入锅中，加入适量清水煮沸。

❹ 将咖喱粉中加入适量清水，搅匀。

❺ 将调好的咖喱料加入锅中，将牛骨煮至入味。

❻ 将煮好的汤过滤，即可作为各式汤品的底汤。

◆ 牛骨汤

❶ 将牛骨洗净后斩块，放入沸水，焯去血水。

❷ 将焯过水的牛骨放入汤锅中，加入少许姜片、葱段，大火煮沸后，转小火煲煮 4~5 小时。

❸ 待煮至汤汁乳白时，将汤汁过滤，即可作为各式汤品之底汤。

◆ **奶油汤**

❶ 将收拾好的鸡清洗干净，斩块。

❷ 将鸡块放入沸水焯水。

❸ 锅中加入适量清水，煮沸，放入鸡块，小火熬制 2~3 小时。

❹ 另起一锅，加入奶油加热至溶化。

❺ 锅中加入少许面粉，同奶油搅匀。

❻ 将处理好的奶油放入汤锅中，搅拌至充分溶入汤中，使汤汁乳白略稠即可。

◆ **猪骨汤**

❶ 先将猪骨清洗干净，剁成大块。

❷ 将处理好的猪骨放入锅中，焯去血水。

❸ 锅中加入适量清水，煮沸后，放入焯好的猪骨。

❹ 锅中放入葱段和姜片，继续用小火煲煮 3~4 小时。

❺ 将煮好的汤过滤。

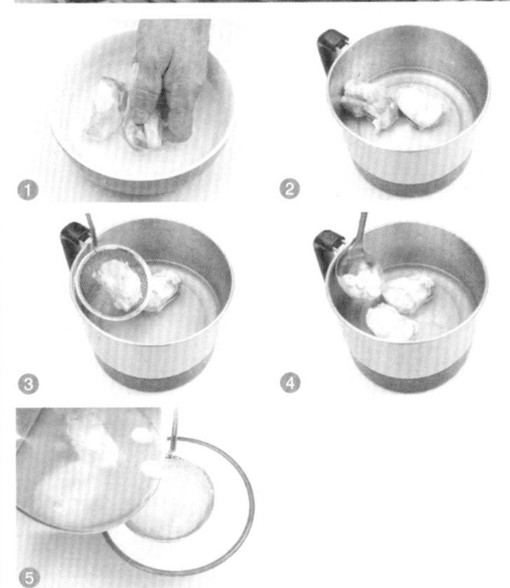

◆ 猪蹄汤

❶ 将猪蹄洗净，去毛，斩成大块。

❷ 锅中加入适量清水，放入猪蹄、姜片、葱段，大火煮沸。

❸ 撇去浮沫后，继续用大火煮制 2 小时左右。

❹ 将猪蹄捞出。

❺ 最后滤去汤中其他杂质即可。

◆ 海鲜汤

❶ 用盐水泡蛤蜊，放在阴凉处，使蛤蜊吐出泥来。

❷ 锅中加入适量清水，煮沸，将蛤蜊放入。

❸ 再放入虾、香菇、海带，煮十分钟。

❹ 放入洋葱、大葱一起煮。

❺ 煮至所有食材熟后，将食材捞出来，即可。

◆ 鸡味汤

❶ 将鸡架清洗干净，放入锅中，焯去血水。

2 锅中加入适量清水，煮沸后放入鸡架和姜片。

3 小火熬煮 2 小时左右，煮至汤味浓香。

4 撇去汤上浮油。

5 捞出汤中鸡架，滤去杂质即可。

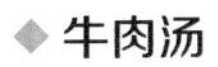

◆ **牛肉汤**

1 牛肉焯去血水。

2 锅中放入牛肉，加入适量清水，煮沸。

3 锅中放入大蒜、洋葱、大葱、香菇、萝卜一起煮开，撇去油。

4 把食材捞出，滤去汤中杂质，此汤即可用于冷面汤、各种汤料、炒蔬菜的汤等。

◆ **昆布香菇汤**

1 香菇、昆布洗净，放入大碗中，加入水、腌渍梅子，加盖浸泡半天。

2 将浸泡好的食材倒入汤锅中，以中小火煮约 10 分钟至略滚，最后滤出高汤即可。

第2天

煮出活色生香蔬菜汤

灌汤娃娃菜

原料：娃娃菜 200 克，皮蛋 1 颗，高汤 200 毫升。

调料：红椒、葱、蒜、淀粉、盐、油各适量。

做法：

❶ 娃娃菜洗净，切条；红椒、皮蛋切丁；香葱切末；蒜去掉两头备用。

❷ 锅置火上加少许油，放蒜瓣煎出香味。

❸ 当将蒜煎至焦而不糊的时候，把高汤倒入锅中烧开。

❹ 高汤烧开后将娃娃菜和皮蛋倒入锅中。

❺ 将高汤再次煮开，煮至娃娃菜变软。

❻ 将娃娃菜捞出，装盘备用。

❼ 将红椒、葱、盐放入汤中煮一分钟左右。

❽ 最后少许水淀粉勾芡，浇在娃娃菜上即可。

小贴士：在煮这道汤时可能会遇到一个问题，这就是松花蛋很难切，其实烹制它之前可以将松花蛋提前蒸熟，这样将松花蛋切丁的时候就方便多了。

黄瓜玉米羹

原料：玉米 300 克，鸡蛋 1 个，黄瓜 100 克。

调料：淀粉、白砂糖、盐、胡椒粉各适量。

做法：

1. 将新鲜的玉米粒刮下备用；鸡蛋打入碗中，搅散；黄瓜洗净切丝。
2. 将 2/3 的甜玉米粒倒入料理机，加入适量清水，搅打一下。
3. 将搅打好的玉米浆倒入锅中，加入剩下的玉米粒，煮开。
4. 加入适量盐和白砂糖调味，稍煮一下。
5. 倒入水淀粉勾芡，煮至汤汁黏稠。
6. 将搅打好的鸡蛋缓缓倒入玉米羹中，搅拌均匀。
7. 倒入切好的黄瓜丝稍煮。
8. 出锅前撒上适量的胡椒粉即可。

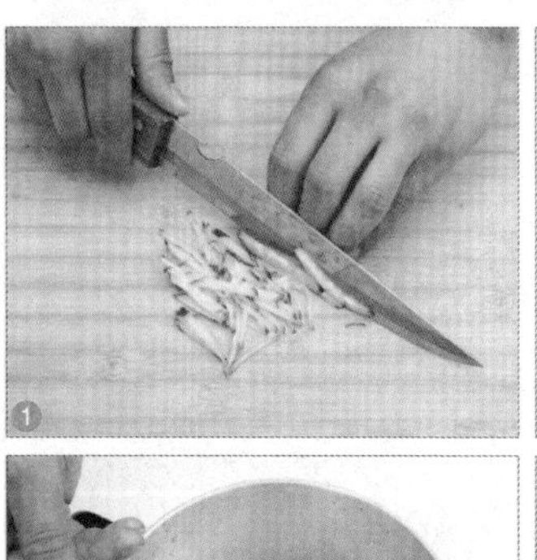

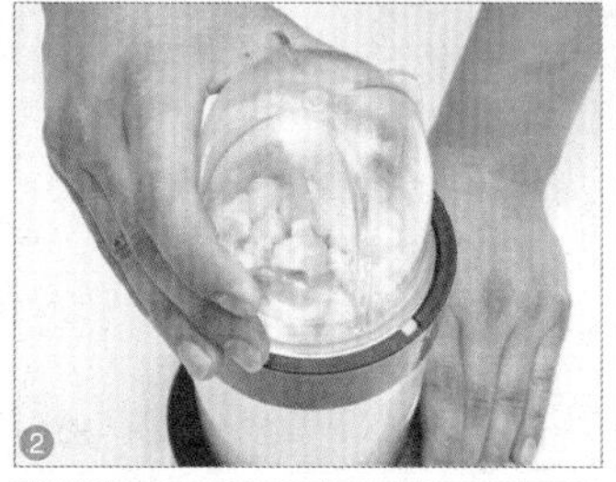

小贴士：有的人不喜欢吃蛋黄，煮制这道羹汤时也可只放蛋清，这样煮出来的蛋羹颜色更加清亮，同时别有一番风味。

三鲜炖山药

原 料：山药 400 克，香菇、金华火腿、冬笋各 50 克，蒜苗少许。

调 料：葱、姜各 5 克，盐、味精、鸡精、胡椒粉各少许，料酒 2 小匙，油 100 克。

做 法：

❶ 山药洗净，切块，放入水中浸泡备用；冬笋洗净焯烫后沥干水分，切成块；姜洗净，切成姜片；葱洗净，切成葱段；蒜苗洗净，切碎；香菇洗净，去蒂，切成片。

❷ 金华火腿放入碗内，加入少许料酒，上锅用旺火蒸 5 分钟后切成碎粒。

❸ 锅中加油烧至六成热，下入葱段、姜片炒出香味。

❹ 锅中加入适量清水，煮沸，拣去葱段、姜片。

❺ 锅中下入山药块、冬笋块，煮沸，放入盐、味精、鸡精、胡椒粉调味。

❻ 锅中加入火腿碎粒，大火煮沸后改小火，煮至山药烂熟入味。

❼ 放入香菇片略煮。

❽ 撒入蒜苗碎粒即可。

小贴士：新鲜山药切开时会有黏液，极易滑刀和伤手。要解决这一问题，可以先用清水加入少许醋，把山药清洗一下。

白萝卜香菇粉丝汤

原料：白萝卜150克，粉丝50克，香菇100克，肉末少许。

调料：姜、油、盐、胡椒粉各适量。

做法：

① 白萝卜洗净，切成丝；香菇洗净，去蒂，切成片；粉丝泡软备用；姜洗净，切成姜丝。

② 锅中加油烧热，放入姜丝炒香。

③ 锅中下入肉末，炒至肉末变色。

④ 再下入白萝卜丝，略炒一下。

⑤ 锅中加入适量水，大火煮沸后转小火，煮至肉末和白萝卜将熟。

⑥ 汤中加入香菇片，稍煮一下。

⑦ 锅中放入粉丝，煮至粉丝熟透。

⑧ 加入适量盐调味，最后撒上胡椒粉即可。

小贴士：这道白萝卜香菇粉丝汤以白萝卜和香菇为主食材，主打素菜，但如果你喜欢吃肉的话，也可以多放点肉。

洋葱番茄汤

原料：番茄1个，洋葱150克，玉米棒1根。

调料：盐、鸡精、植物油各适量。

做法：

1 将洋葱洗净，切片；番茄洗净去皮，切块；玉米棒洗净，切段。

2 炒锅中放少许油，下入洋葱，煸炒至软。

3 将西红柿加入锅中继续翻炒。

4 砂锅中加入水，放入玉米。

5 放入已经煸炒好的洋葱和西红柿，大火煮开后转小火，煮至玉米棒熟透。

6 最后根据自己的口味，加入适量盐、鸡精调味即可。

小贴士：一般人切洋葱时常会有不适的感觉。其实只要事先把洋葱和刀放在冷水里浸一会儿，再切洋葱时就不会流眼泪了。

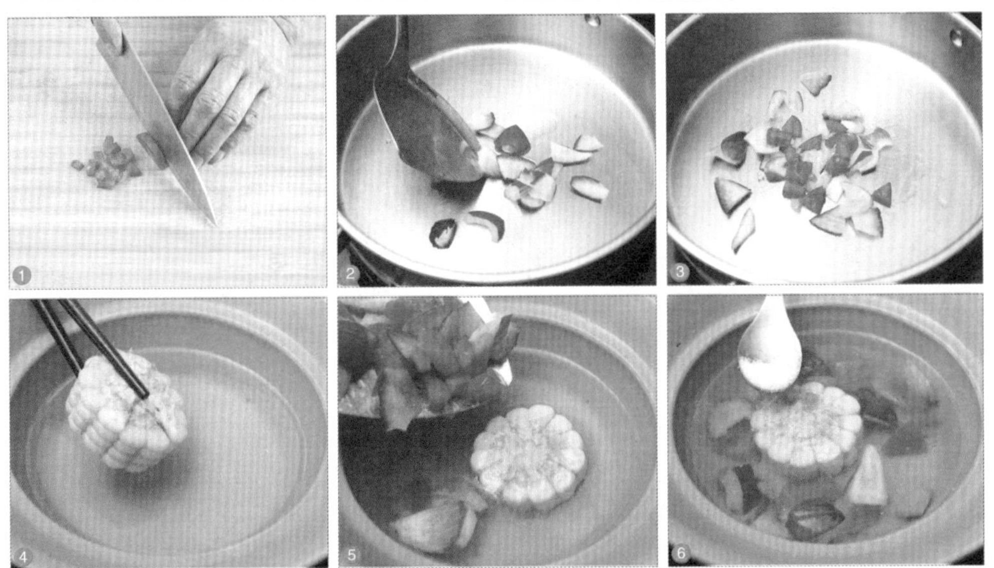

土豆菠菜汤

原料：土豆200克，菠菜100克。

调料：油、胡椒粉、盐、酱油、味精、葱各适量。

做法：

❶ 将菠菜洗净，切成段；土豆洗净去皮，切成小条；葱洗净，切成葱花。

❷ 锅中加油，油烧热后加入葱花爆香。

❸ 将土豆条倒入锅中翻炒。

❹ 加入适量酱油和胡椒粉，翻炒均匀。

❺ 倒入适量水，大火煮开后加盖转中小火，煮至土豆变熟。

❻ 加入菠菜略煮，出锅前加入适量的盐和味精即可。

小贴士：选购菠菜时，宜选择叶子较厚，生长得很好，且叶面宽、叶柄短的。如叶部有变色现象，要予以剔除。

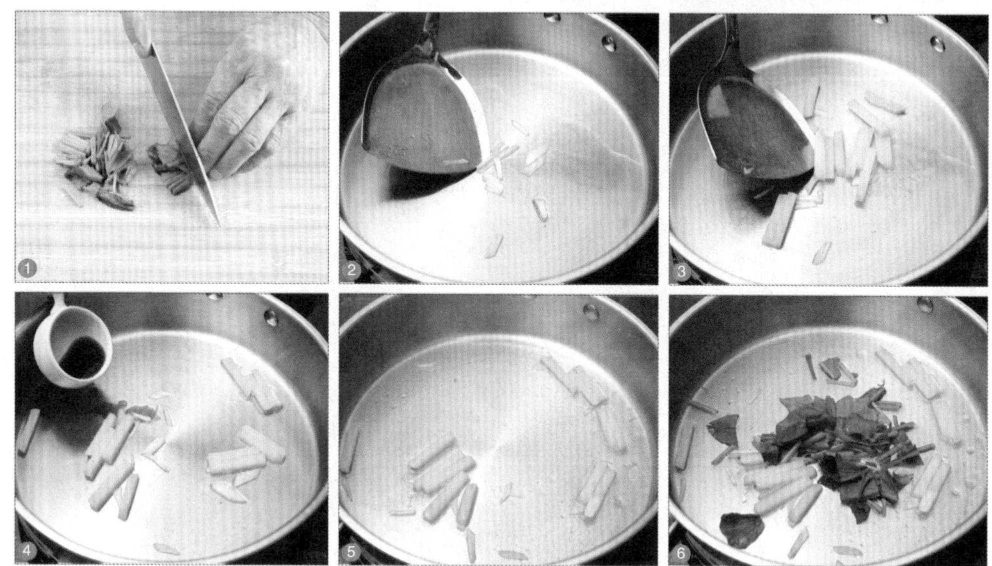

白菜豆腐汤

原料：白菜90克，豆腐120克，肥猪肉适量。

调料：盐、味精、葱、姜、香菜、八角各适量。

做法：

❶ 将白菜洗净后切成块；豆腐洗净，切成条。

❷ 肥肉切成块；香菜洗净，切段；葱洗净，切成葱花；姜洗净，切成姜丝。

❸ 置锅火上，加油烧热，放入八角、葱花、姜丝爆香，放入肥肉块炒一下，将肥肉炒出油。

❹ 放入切好的白菜块一同翻炒。

❺ 注入适量温水，煮15分钟左右，煮至所有食材都熟透。

❻ 根据自己的口味，加入适量盐和味精调味，出锅前撒入香菜即可。

小贴士：在白菜汤中加入肥肉可以让汤的味道更鲜香，如果你不喜欢喝比较油的汤的话，可以不加肥肉。

香菇白菜魔芋丝汤

原料：干香菇50克，大白菜150克，魔芋丝100克。

调料：盐2克，淀粉15克，味精1克，姜3克，油5克。

做法：

1. 魔芋丝洗净，切小；大白菜洗净，撕成小块。
2. 香菇温水泡发，去蒂洗净，切成抹刀片备用；姜洗净，切成姜末。
3. 淀粉加水调成水淀粉。
4. 置锅火上，加油烧热，倒入香菇片和魔芋丝略炸片刻，捞起沥干油分。
5. 大白菜块倒入热油中炒软。
6. 白菜锅中注入适量冷水，加入盐和姜末煮沸。
7. 放入香菇片、魔芋丝，大火煮2分钟左右。
8. 加入味精调味，最后以水淀粉勾稀芡即可。

小贴士：香菇白菜魔芋丝汤主要以素菜为主，如果想让汤的味道更加鲜美，你也可以再加入一些肉末一起煮。

豆芽韭菜汤

原料：韭菜 250 克，豆芽 350 克。

调料：盐、高汤、猪骨汤、橄榄油各适量。

做法：

① 将韭菜用清水浸泡 30 分钟，择洗干净后切成小段；豆芽择洗干净。

② 将切段的韭菜放入料理机中，倒入猪骨汤，搅打成汁。

③ 将搅打好的汤汁倒入锅中，加入高汤，大火煮沸。

④ 在汤中加入适量的橄榄油。

⑤ 放入处理好的豆芽，加盖大火煮沸。

⑥ 根据自己的喜好，加入适量盐调味即可。

小贴士：这道豆芽韭菜汤的做法简单，味道独特，颜色看上去也特别鲜亮，如果适量加入一些橄榄油，能够让汤的口感更加滑腻。

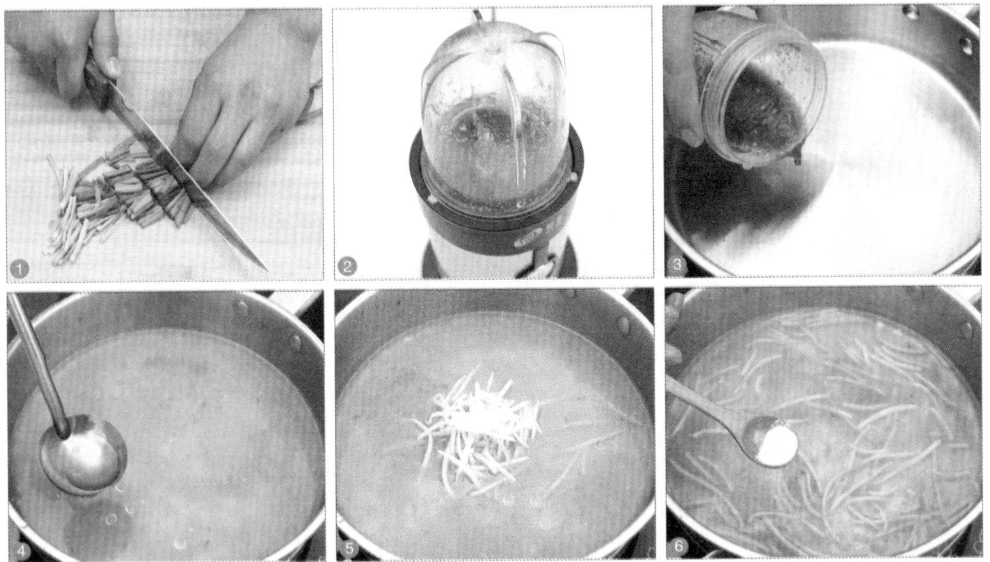

蚕豆肉丸汤

原料：蚕豆瓣100克，猪肉馅250克，干粉丝1小把。

调料：香葱2根，姜10克，鸡蛋1个，盐适量。

做法：

❶ 将蚕豆瓣清洗干净；香葱、姜洗净后切成碎末；干粉丝用冷水泡软。

❷ 将鸡蛋打入猪肉馅中，加入香葱碎、姜末和3克盐，持续搅打至黏稠。

❸ 锅中加入适量清水，大火烧开，将蚕豆瓣放入锅中煮5分钟。

❹ 改小火，让锅中水保持在微沸状态，将拌好的肉馅用手挤成肉丸子。

❺ 将肉丸子下入锅中，大火煮5分钟。

❻ 待肉丸快熟时，放入泡好的粉丝继续煮2分钟，放入2克盐调味即可。

小贴士：制作肉丸汤的时候，经常会遇到做好的肉丸松散的情况，这个其实有窍门。在搅拌肉馅的时候，用鸡蛋代替芡粉，可以使制成的肉丸更筋道，也更可口。

土豆玉米棒汤

原 料：玉米棒1根，土豆150克，青椒100克，鲜蘑菇100克，胡萝卜50克，高汤500毫升。

调 料：盐、鸡精各适量。

做 法：❶将玉米棒煮熟切段；土豆、胡萝卜去皮，切块；青椒洗净去籽，切块；鲜蘑菇去蒂洗净后，撕成条。❷将高汤倒入锅中，放入所有原料煮熟。❸最后加盐、鸡精煮至入味。

小贴士：土豆玉米棒汤中没有肉类作为食材，因此需要加些高汤来增加鲜味，高汤的多少和各种蔬菜的量可以视自己的口味做一些调整。

什锦冬瓜汤

原 料：冬瓜100克，鲜香菇40克，西红柿50克，熟笋40克，油菜50克，面筋50克，鲜汤适量。

调 料：盐、味精、花生油、香油各适量。

做 法：❶将香菇、熟笋、冬瓜分别切成长约5厘米的片；西红柿洗净，切块；油菜洗净，切片；面筋切块。❷将汤锅内放入花生油，大火烧热，倒入鲜汤，将洗切好的冬瓜、香菇、熟笋、西红柿放入锅中，再加入盐和味精。❸等汤开之后，放入面筋块、油菜煮熟，滴上几滴香油即可。

青菜冬瓜汤

原 料：冬瓜150克，青菜150克，干粉丝50克。

调 料：盐、鸡精、姜各适量

做 法：❶粉丝在温水中泡软；冬瓜去皮后切成块；青菜洗净切段；姜切成姜丝。❷锅中加入适量水，放入冬瓜块和姜丝，煮沸后再略煮一下。❸将青菜段和泡软的粉丝放入汤中煮至所有食材都熟透。❹加入适量盐和鸡精调味即可。

小贴士：从超市中买回的粉丝多卷曲成一团，如果觉得粉丝过长，吃起来不太方便的话，可以将粉丝切断后再用来煲汤。

上汤油菜

原料：油菜300克，高汤适量。

调料：油、盐、生抽各适量，葱、姜少许。

做法：❶将油菜清洗干净，切成段；将葱、姜洗净，切细丝。❷将锅中倒入适量油，加入姜丝、葱丝爆锅。❸将切好的油菜段放入锅中翻炒，当油菜变软，加入适量生抽略炒。❹将适量高汤倒入锅中，待高汤煮沸，根据自己的口味，加入适量盐调味。

小贴士：一般制作上汤油菜的时候，并不需要加过多的汤，但对于喜欢喝汤的人来说，可以多加一些高汤来满足自己的需要。

西红柿豆芽汤

原料：西红柿250克，绿豆芽100克，肉末50克。

调料：姜、盐、鸡精、料酒各适量。

做法：❶将肉末加料酒、盐、鸡精腌制5分钟左右；西红柿洗净，切成块；绿豆芽洗净。❷锅中放入清水，再将西红柿、姜放入小火煮5分钟左右。❸再将绿豆芽放入汤锅中煮3分钟。❹将腌制好的肉末加入汤中，再加入盐和鸡精即可。

小贴士：西红柿豆芽汤以西红柿和绿豆芽作为食材，使汤的色彩丰富，在制作汤的时候先放入西红柿可以使汤酸甜适中，味道更好。

胡萝卜豆腐汤

原料：胡萝卜200克，豆腐400克。

调料：葱、生抽、盐、鸡精各适量。

做法：❶胡萝卜切片，豆腐切小块。❷锅中倒入少许油烧热，加入胡萝卜片和葱末，炒出金黄色的油。❸加入水，水开后放入豆腐，煮到锅开。❹最后加入盐、生抽和鸡精调味。

小贴士：如果不想炒胡萝卜的话，在第二步中锅加油烧热后，可直接加水和胡萝卜一起煮，但胡萝卜需要多煮一会儿才好。

西红柿山药汤

原料：西红柿150克，山药200克。

调料：葱、盐各适量。

做法：❶ 西红柿洗净切块；山药洗净去皮，切片；葱切末。❷ 锅加油烧热，放入西红柿煸炒。❸ 在锅中倒入适量水，烧开后小火再煮2分钟。❹ 在锅中放入山药，煮开。❺ 最后加入盐和葱末调味。

小贴士：去皮的山药上有一层特殊的黏液，因此将买回的新鲜山药去皮时，最好带上一次性的塑料手套，以免引起手部瘙痒。

苦瓜绿豆汤

原料：苦瓜100克，绿豆50克。

调料：白砂糖适量。

做法：❶ 将苦瓜洗净去瓤，切成条；绿豆洗净，用清水浸泡待用。❷ 锅内加入适量清水，先用大火煲至水开，然后放入苦瓜和绿豆，待水再开，改用中火继续，煲至绿豆熟烂。❸ 根据自己的口味，加入适量白砂糖调味，凉后即可食用。

小贴士：这款苦瓜绿豆汤的口感是比较甜的，如果不喜欢喝甜汤的话，也可以用盐来调味。

牛奶白菜汤

原料：牛奶75克，白菜100克，大葱5克，姜3克，素汤300毫升。

调料：花生油10克，盐2克，味精2克。

做法：❶ 白菜洗净后，切碎；葱、姜分别洗净，均切成末。❷ 炒锅放在火上，倒入花生油烧热，下入葱、姜末爆香。❸ 放入素汤、盐、味精及白菜，煮沸。❹ 加入牛奶煮开。

小贴士：用牛奶制成的牛奶白菜汤有一种特别的风味，如果家中没有牛奶，用奶粉来制作这道汤也可以。

冬瓜玉米汤

原 料：冬瓜600克，瘦肉300克，玉米300克，胡萝卜350克，姜5克。

调 料：盐适量。

做 法：❶ 瘦肉切片，放入热水中汆烫一下；冬瓜去皮去瓤，洗净，切块；玉米切块；胡萝卜洗净，切块；姜洗净，切片。❷ 锅中加入适量清水煮沸，将瘦肉片、冬瓜块、玉米块、胡萝卜块、姜片放入，大火煮开，转小火煮半个小时。❸ 出锅前根据自己的口味加入适量的盐调味即可。

瘦肉番茄南瓜汤

原 料：南瓜500克，西芹50克，西红柿200克，瘦肉50克。

调 料：盐、姜适量。

做 法：❶ 瘦肉洗净切成片，焯水去浮沫；将南瓜去皮、去籽，洗净，切成小块；西芹洗净，斜切成段；西红柿烫去皮，切成块；姜洗净，切片。❷ 锅中放入适量水，加入瘦肉片、南瓜块、西芹段、西红柿块、姜片，大火煮开后，转小火煮15分钟。❸ 最后根据自己的口味，加入适量盐调味即可。

荷兰豆肉片汤

原 料：猪肉300克，荷兰豆100克，豆腐300克，胡萝卜、洋葱各150克。

调 料：番茄酱1大匙，酱油1小匙，盐、鸡精各适量。

做 法：❶ 将豆腐放入盐水中浸泡切块；猪肉洗净切片；胡萝卜切长条；洋葱去皮，切条；荷兰豆洗净备用。❷ 锅中加油烧热，下猪肉片、酱油、番茄酱炒至上色，倒入清水适量，煮沸，下入豆腐块、胡萝卜条、洋葱条，再加入盐、鸡精，煮至入味。

小贴士：本汤在处理食材时之所以要提前浸泡豆腐，是为了去除豆腥味。

皮蛋番茄汤

原 料：西红柿200克，松花蛋（鸭蛋）150克，菠菜100克，高汤适量。

调 料：植物油60克，姜2片，盐适量。

做 法：❶ 西红柿洗净，去皮后切成片；皮蛋洗净，去壳切片；菠菜洗净，切段；姜洗净，切成末。❷ 锅内倒植物油烧至六成热，放入皮蛋过油炸酥。❸ 锅内加入适量高汤，没过皮蛋即可，加入姜末煮沸。❹ 放入西红柿片和菠菜，加适量盐调味，煮开即可。

雪菜冬瓜汤

原 料：冬瓜300克，雪里蕻100克，高汤1000毫升。

调 料：香油4克，盐4克，味精2克。

做 法：❶ 冬瓜去皮、去瓤，洗净，切块；雪里蕻洗净，切成末。❷ 锅中加水煮沸，将冬瓜放入沸水锅中煮4分钟，捞出在凉水里浸一下。❸ 锅中重新加入高汤，放入冬瓜块和雪里蕻末，大火煮开后撇净浮沫。❹ 加入盐、味精调味，加盖再煮2分钟。❺ 出锅前淋上香油即可。

小贴士：在制作此汤时，将冬瓜切成3厘米长、0.5厘米厚、2厘米宽的块比较容易入味。

西兰花蘑菇汤

原 料：胡萝卜150克，蘑菇50克，黄豆30克，西兰花30克，清汤适量。

调 料：油5克，盐5克，白砂糖1克。

做 法：❶ 黄豆洗净，泡透蒸熟；胡萝卜洗净，去皮，切块；蘑菇洗净，切片；西兰花洗净，掰成小块。❷ 烧锅下油，放入胡萝卜、蘑菇翻炒一下，锅中加入清汤，中火煮至胡萝卜熟烂。❸ 锅中再放入黄豆和西兰花煮透，加入盐和白砂糖调味即可。

小贴士：此汤是素汤，如果你喜欢这道汤的味道，同时又喜欢吃肉的话，可以在汤中加入腊排骨。

丝瓜油条汤

原料：丝瓜250克，油条两根。

调料：花生油20克，葱2克，盐、味精各适量

做法：

❶ 丝瓜洗净，去蒂、去皮，切条；葱切段。

❷ 将油条用手撕成块。

❸ 热锅放花生油，放入葱爆香，倒入丝瓜翻炒至出现微透明，加水盖煮5分钟左右。

❹ 加入盐、味精调味，最后加入油条即可。

小贴士：丝瓜油条汤的特殊口感源自汤中的油条，做汤时注意不要将油条在汤中泡太久，否则泡得过软会影响口感。

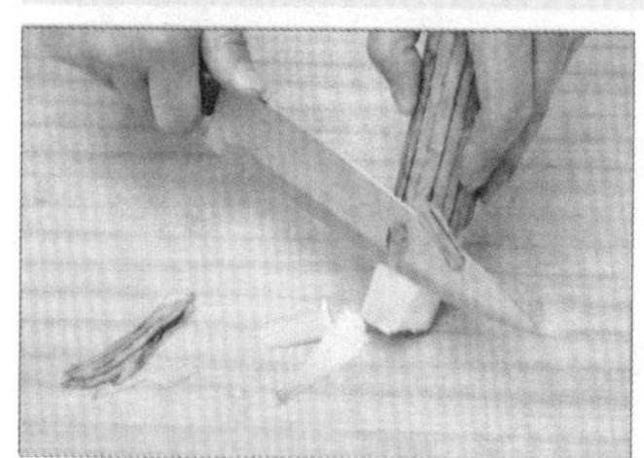

蒜苗土豆汤

原料：蒜苗6根，土豆150克。

调料：高汤、奶油、蒜末、盐、胡椒粉各适量。

做法：❶ 蒜苗洗干净，留蒜白的部分，切片；土豆洗净，去皮切片。❷ 将蒜末用奶油爆香，加入蒜苗、土豆片一起炒至熟软。❸ 在锅中倒入高汤煮沸，小火炖煮15分钟左右，最后放入盐和胡椒粉调味即可。

小贴士：土豆和蒜苗不仅颜色上相得益彰，搭配起来的味道也是绝佳的。其实，土豆和蒜苗不仅可以做汤，将它们炒在一起也十分美味。

百合南瓜玉米汤

原料：南瓜200克，玉米粒200克，鲜百合50克。

调料：冰糖适量。

做法：

❶ 南瓜洗净，去皮，切片；玉米粒洗净。

❷ 百合洗净后用沸水焯烫一下。

❸ 锅置火上，加适量清水，放入南瓜片、百合、玉米粒，大火煮至熟烂。

❹ 根据自己的口味，加入适量冰糖，小火再煮5分钟即可。

小贴士：在做这道汤时，如果使用的是鲜百合，要将鲜百合的鳞片剥下，撕去外层薄膜，洗净后在沸水中浸泡一下，可除去苦涩味。

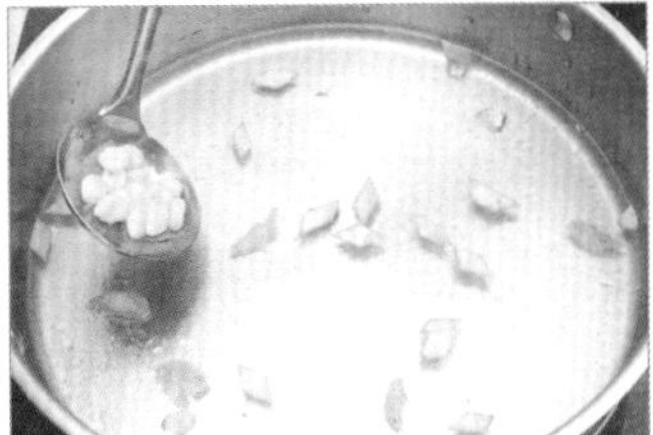

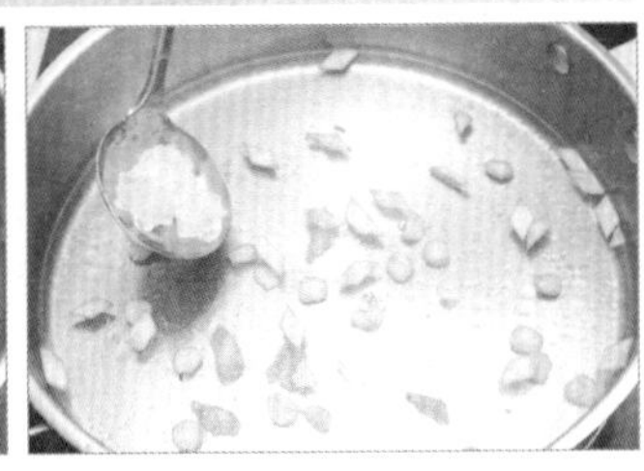

丝瓜面筋汤

原料：丝瓜320克，油面筋240克，粉丝50克。

调料：葱花、盐、味精、胡椒粉、香油、植物油、清汤各适量。

做法：❶ 将丝瓜洗净刮皮，切滚刀块；油面筋逐一切四瓣；粉丝洗净，剪段。❷ 锅内倒植物油烧至六成热，放入葱花煸香，放丝瓜翻炒片刻。❸ 锅中倒入清汤，大火煮开后放入油面筋、粉丝，中火煮5分钟。❹ 加入盐、味精、胡椒粉调味，出锅之前淋上香油即可。

地耳豆腐汤

原料：干地耳30克，豆腐（北）250克。

调料：味精2克，盐3克，香油、油各适量。

做法：❶ 温水泡发地耳，摘去根部，洗净；豆腐用开水烫一下，切成块。❷ 锅内加水烧开，加适量油、地耳煮5分钟左右。❸ 然后倒入豆腐，煮大约3分钟。❹ 加入适量盐和味精调味，最后淋点香油即可。

小贴士：地耳又名地木耳、地见皮、地踏菜，其色味形俱佳，因此如果喜欢喝清汤，品尝地耳原味的话，做汤时也可以不用加油。

银白芽丝汤

原料：黄豆芽150克，西红柿1个，蟹柳2根。

调料：盐1茶匙，胡椒粉1/4茶匙，姜适量。

做法：❶ 西红柿洗净去蒂，切丁；黄豆芽洗净备用。❷ 蟹柳用冷开水冲洗，剥成细丝；姜洗净切片。❸ 锅内加适量清水煮开，放入姜片、西红柿丁、黄豆芽，煮至西红柿略为散开。❹ 将蟹柳丝放入锅中，最后加入盐和胡椒粉调味即可。

小贴士：如果豆芽吃不完，可以用水焯一下，再放入保鲜袋密封，这样不仅保存时间长，而且营养流失少。

三菇冬瓜汤

原料：冬瓜300克，鲜香菇50克，蘑菇（鲜蘑）50克，平菇50克，姜5克，大葱10克，高汤适量。

调料：胡椒粉2克，味精1克，盐4克，鸡油15克，

做法：❶ 将香菇、蘑菇、平菇洗净，改刀成块；冬瓜去皮洗净，改刀成片；葱、姜洗净，切片。❷ 锅中倒入适量高汤，烧开，下冬瓜、蘑菇、平菇、香菇，小煮片刻。❸ 加入葱、盐、味精、胡椒粉稍煮，最后淋上少许鸡油即可。

小贴士：此汤中的鲜味主要来源于香菇、蘑菇和平菇，因此熬制此道汤的菇类要选新鲜的。

海米萝卜丝汤

原料：萝卜250克，海米50克，高汤600毫升。

调料：盐2克，味精1克，葱10克，猪油25克，料酒10克，熟鸡油10克，香菜适量。

做法：❶将萝卜去皮洗净，切成细丝，放入沸水锅中焯水，捞出沥干，备用。❷葱、香菜洗净切末；海米用温水洗净。❸在热锅中放入猪油烧热，放入葱末爆香，然后放入萝卜丝和海米。❹再加入高汤、料酒、盐煮沸，撇去浮沫。❺出锅前加入味精，淋上熟鸡油，撒上香菜末即可。

彩蔬松花汤

原料：西红柿100克，西蓝花100克，松花蛋1颗。

调料：高汤、盐、葱、鸡精、植物油各适量。

做法：❶西红柿去蒂，洗净后切成瓣；西蓝花掰成小朵，洗净后焯水；松花蛋去壳，切成瓣；葱洗净切成葱花。❷锅内倒油烧热，放入葱花爆香，加入适量高汤。❸放入西红柿瓣、西蓝花和松花蛋，大火烧沸转小火，撇去汤面上的浮沫。❹出锅前加入盐、鸡精调味即可。

小贴士：如果嫌西蓝花焯水费事，也可以跳过此步，但煮汤时要先放西蓝花稍煮。

腐竹韭菜皮蛋汤

原料：韭菜50克，腐竹50克，皮蛋1颗。

调料：盐、味精、鸡汤各适量。

做法：❶将韭菜洗净，切成段；皮蛋去皮，切成小丁；腐竹泡发后洗净切段备用。❷锅中加入适量清水、鸡汤烧沸，放入腐竹、皮蛋继续煮5分钟。❸再加韭菜、盐、味精调味，煮沸即可。

小贴士：韭菜不仅味道独特，还具有健胃提神、止汗固涩、补肾助阳等功效，在用其煮汤时稍煮即可，不要煮得过久。

黄瓜竹笋汤

原料：竹笋50克，黄瓜200克，清汤适量。

调料：盐、鸡精、植物油、葱各适量。

做法：❶竹笋去皮洗净，切片；黄瓜洗净，切片；葱洗净，切成葱花。❷锅中加入适量油烧热，下入葱花爆香。❸锅中加入适量清汤，放入竹笋，大火煮沸，撇去浮沫。❹将黄瓜下入锅中，大火煮沸。❺最后加入鸡精、盐调味即可。

小贴士：黄瓜竹笋汤以黄瓜和竹笋为主要食材，兼具黄瓜的清香味和竹笋的鲜味，因此本汤适宜清淡，不要多放油。

大枣胡萝卜汤

原料：胡萝卜300克，大枣10颗。

调料：白砂糖适量。

做法：❶胡萝卜洗净，切成带锯齿的方形块；大枣用温水泡发，洗净。❷置锅火上，注入适量清水，放入大枣、胡萝卜同煮。❸煮沸后根据自己的口味加入适量白砂糖，煮至白砂糖溶化即可。

小贴士：大枣胡萝卜汤是一款甜口的汤品，胡萝卜煮得软烂一点儿比较好吃，也可以先将胡萝卜放入汤中多煮一会儿。

鲜白萝卜汤

原料：白萝卜500克。

调料：姜、盐各适量。

做法：❶白萝卜洗净，切成片；姜洗净，切片。❷锅中加适量清水，将白萝卜片和姜片一起放入锅中，大火煮至白萝卜熟透。❸根据自己的口味，加入适量盐来调味即可。

小贴士：在煮制鲜白萝卜汤，一定要注意萝卜片不宜切得太厚，否则不容易入味，会影响汤的口味。

白菜瘦肉汤

原料：瘦肉、大白菜心各100克。

调料：姜、盐、味精各适量，鸡油少许。

做法：

❶ 大白菜洗净沥干，切成丝；瘦肉洗净切块，焯水备用；姜洗净，切丝。

❷ 瘦肉放入锅中，加入姜丝，注入适量清水，大火煮沸后转小火煮30分钟左右。

❸ 将大白菜丝放入汤锅中，加盖大火煮沸后转小火，煮至白菜熟透。

❹ 根据自己的口味，加入适量盐和味精调味，最后淋上鸡油即可。

小贴士：如果你觉得将白菜和瘦肉直接放入汤中煮熟得比较慢的话，也可以先把它们加入姜和蒜炒一下，再煮汤。

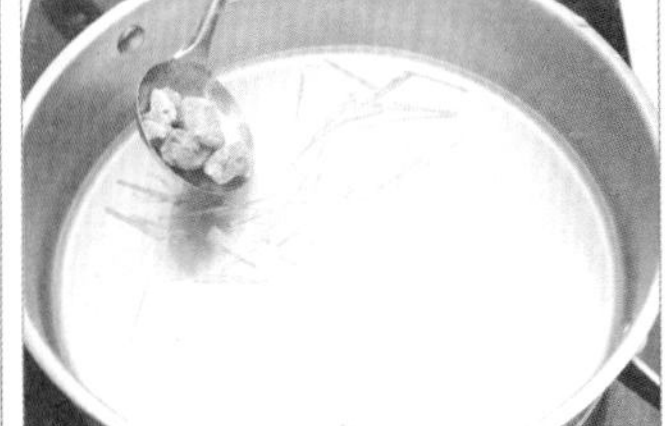

草菇竹荪汤

原料：水发草菇50克，水发竹荪30克，油菜，高汤250毫升。

调料：盐、白砂糖各5克，味精3克，胡椒粉少许。

做法：❶ 将草菇洗净，切片，竹荪洗净，切片，分别下沸水锅中汆一下，捞出备用；油菜洗净。❷ 汤锅内倒入高汤，放入竹荪、草菇，大火煮开再转小火，煮至竹荪熟透。❸ 加入洗好的油菜，放盐、白砂糖、味精和胡椒粉调味，煮开即可。

小贴士：市场上的竹荪一般是干制的，可用淡盐水泡发，并剪去封闭的一端，以免影响口感。

菠菜猪血汤

原料：菠菜 500 克，猪血 250 克。

调料：盐 4 克，香油 2 克。

做法：❶ 菠菜洗净，留菜梗，去须根，切段；将猪血切块。❷ 先将猪血块放入砂锅，加适量清水，煮至猪血熟透。❸ 再放入菠菜段，略煮片刻。❹ 加入少许盐调味，淋点香油，即可食用。

小贴士：菠菜含草酸较多，吃起来有点儿发涩，而且草酸容易和食物中的钙结合形成不溶性的草酸钙，因此用菠菜烹调时，可以先将菠菜用开水氽烫一下。

菠菜奶油汤

原料：菠菜 300 克，油面粉 30 克。

调料：奶油 50 克，鸡清汤、盐各适量，豆蔻粉、胡椒粉各少许。

做法：❶ 菠菜洗净，沸水烫软后挤干切末。❷ 将鸡清汤倒入锅内煮沸，放入油面粉调匀，加入盐、豆蔻粉、胡椒粉调味。❸ 倒入切好的菠菜末，煮至微沸，最后放入奶油调匀即可。

小贴士：吃菠菜前最好用水焯一下，经过水焯以后菠菜中大部分的草酸便可被除去，但菠菜焯烫的时间不可过长，否则会导致菠菜变色，影响口感。

山药豆腐汤

原料：山药 200 克，豆腐 400 克。

调料：植物油、蒜、葱、酱油、盐、味精、香油各适量。

做法：❶ 将山药去皮洗净，切成丁；豆腐洗净，放入沸水中焯一下，捞出切块；葱洗净，切末；蒜剥皮，切成末。❷ 锅中注入植物油烧至五成热，爆香蒜末，加入山药丁翻炒均匀。❸ 倒入适量清水煮沸，倒入豆腐块，加入盐和酱油，煮沸。❹ 最后撒上葱末，放入味精，淋上香油拌匀即可。

土豆萝卜汤

原料：青萝卜100克，土豆300克。

调料：色拉油、盐、葱、姜、高汤各适量。

做法：① 青萝卜洗净去皮，切成丝；土豆洗净去皮，切成滚刀块；葱、姜分别洗净，切丝。② 锅中加油烧热，加入葱丝、姜丝爆香，放入土豆块翻炒几下，加入适量高汤。③ 汤锅加盖烧开后转中小火煮约10分钟，至土豆熟透。④ 加入萝卜丝，再加盖煮约3分钟。⑤ 根据自己的口味，加入适量盐调味即可。

小贴士：制作此汤时一般使用青萝卜，也可以用红萝卜或白萝卜代替，或在汤中放入多种萝卜。

什锦蔬菜汤

原料：火腿60克，水发木耳80克，粉丝50克，韭菜60克。

调料：盐、鸡精、香油各适量。

做法：① 木耳泡发洗净，去根蒂，切成丝；粉丝用温水泡发，切小段；韭菜洗净，切小段；火腿切丝。② 锅中加水煮沸，放入粉丝、火腿、木耳煮至熟透。③ 再放入韭菜略煮。④ 最后加入适量盐、鸡精、香油调味即可。

小贴士：木耳味道鲜美，适应于任何味型，可搭配荤、素、甜、咸等各式菜品。

杞子原味白菜心

原料：白菜心150克，松花蛋1个，枸杞子、清汤各适量。

调料：盐适量。

做法：① 白菜心洗净掰开，去除残叶；松花蛋去皮，一半切成丁，一半切成月牙形；枸杞子洗净。② 砂锅置火上，倒入清汤和松花蛋丁，大火煮开后转小火，煮至松花蛋化在汤中。③ 把白菜心和另一半松花蛋放入汤中，大火煮开。④ 出锅前加入枸杞子，再加适量盐调味即可。

冬菇苋菜汤

原 料：冬菇 50 克，苋菜（绿）500 克。

调 料：盐 5 克，白砂糖 5 克，大葱 5 克，姜 3 克，鸡油 10 克，鸡清汤适量。

做 法：❶ 冬菇泡发洗净，去根蒂，泡发冬菇的水留下备用；葱洗净，切段；姜洗净，切片。❷ 将冬菇中的水挤干，放入大汤碗内，加糖、盐和少许鸡油拌匀，然后加入少许泡冬菇的原汤，再加入适量鸡清汤和葱段、姜片，上屉蒸约 90 分钟后取出。❸ 苋菜取嫩尖洗净，用开水烫一下，捞出挤干，洒在冬菇汤上即可。

藕片汤

原 料：嫩藕 300 克，猪肉 100 克。

调 料：糖 1 茶匙，料酒、盐、味精各适量，葱、姜各适量。

做 法：❶ 将葱洗净切末；姜洗净切丝。❷ 猪肉洗净，切成薄片，用少许盐、料酒、葱末、姜丝腌制备用；莲藕洗净削皮，切成片。❸ 置锅火上，加油烧热，下入腌好的肉片，煸炒片刻。❹ 加入藕片同炒一段时间，加入适量清水，放入料酒、糖烧开。❺ 最后加入适量盐和味精调味即可。

蚕豆三鲜汤

原 料：虾仁、蚕豆各 100 克，海米 25 克，紫菜 10 克。

调 料：盐、胡椒粉、味精各适量。

做 法：❶ 海米用温水略泡，洗净；紫菜、蚕豆、虾仁分别清洗干净，备用。❷ 锅置火上，放入适量清水，加入适量盐煮沸。❸ 放入虾仁、海米、蚕豆煮 10 分钟。❹ 放入紫菜煮 2 分钟。❺ 最后加入胡椒粉、味精调味即可。

小贴士：虾仁中的虾线通常会让虾吃起来更腥一些，如果不喜欢虾的腥味，可以在烹饪前将虾线一一挑出。

娃娃菜火腿汤

原 料：娃娃菜 200 克，金华火腿 40 克，瑶柱 10 克，瘦肉 100 克。

调 料：生抽半汤匙，油 2 汤匙，淀粉少许，高汤、盐各适量。

做 法：

❶ 娃娃菜摘好洗净，每片用刀从中间剖开；瑶柱用清水浸软，捏成丝；火腿、瘦肉洗净，切丝，瘦肉丝用半汤匙生抽、少许盐和淀粉腌好。

❷ 热锅放适量油，加入娃娃菜炒匀。

❸ 倒入高汤，加入瑶柱和火腿，煮大约 20 分钟。

❹ 最后加入瘦肉丝和少许盐，煮至熟，即可食用。

小贴士：金华火腿和腌过的瘦肉丝本身就是咸的，因此汤中只加少许盐即可，如果口味比较淡的话，也可以不加盐。

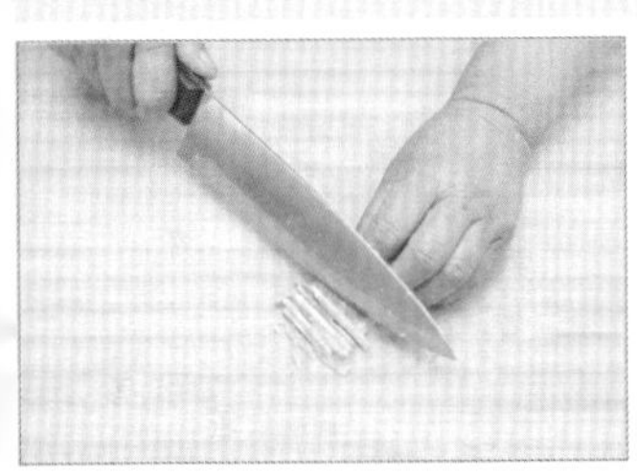

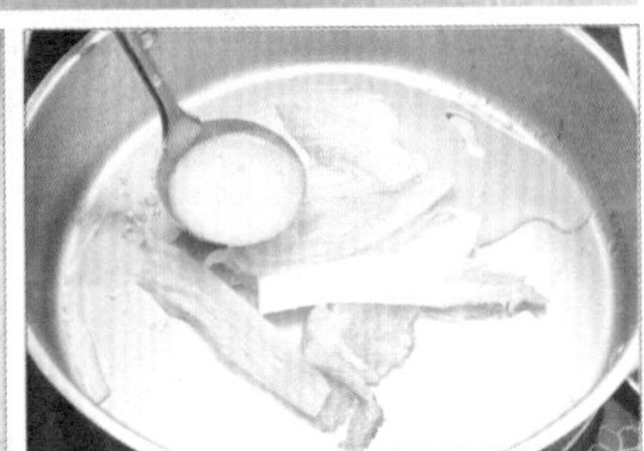

上汤苋菜

原 料：苋菜 200 克，松花蛋 1 个，咸鸭蛋 1 个，红椒半个。

调 料：盐、姜、蒜、高汤、植物油、胡椒粉各适量。

做 法：❶ 苋菜洗净，焯一下水；松花蛋、咸鸭蛋分别剥壳，切成小丁；红椒洗净切丁；姜洗净，切片，蒜切末。❷ 锅烧热后倒油，下姜片，放入松花蛋丁和鸭蛋丁翻炒片刻。❸ 倒入适量高汤烧开，将红椒丁倒入锅中。❹ 放入苋菜，将汤再次煮开。❺ 加入适量盐和胡椒粉调味，最后撒上蒜末即可。

酸笋菜心汤

原 料：笋100克，青菜150克，木耳50克。

调 料：盐、鸡精、胡椒粉、香油、香醋各适量。

做 法：①笋洗净切丝，焯水后沥干备用；青菜洗净切段；木耳洗净，去蒂后切丝。②锅中加入适量清水烧开，放入笋丝和木耳丝，煮沸。③锅中加入青菜段，略煮一下。④加适量盐、鸡精、香醋、胡椒粉调味，最后淋上香油即可。

小贴士：在煮制这道汤的时候，如果想让汤汁更浓稠一些，也可以加入少许水淀粉勾芡。

高汤玉米胡萝卜煲

原 料：甜玉米粒400克，胡萝卜150克。

调 料：鸡清汤500克，胡椒粉、盐各适量。

做 法：①胡萝卜洗净，切成小块。②锅中加入鸡清汤和适量清水，大火煮开。③将甜玉米粒、胡萝卜块加入锅中，大火煮沸后转小火煮20分钟。④加入适量盐和胡椒粉调味。

小贴士：如果是给老人或者小孩食用的话，也可以将做好的汤放入料理机，打成均匀的羹状，这可以使此汤更加容易消化。

薏米南瓜浓汤

原 料：南瓜150克，薏仁30克，洋葱50克。

调 料：奶油1匙。

做 法：①薏仁洗净，加清水泡软，加水放入搅拌机中打成薏仁泥，倒出备用。②南瓜洗净，切成丁；洋葱剥皮，切成细丁。③锅烧热，放入奶油烧融化后加入洋葱丁炒香，再放入南瓜及少许水，煮至熟烂。④将煮烂的洋葱及南瓜倒入搅拌机中，加500毫升水，一起打成泥状。⑤将薏仁泥和洋葱南瓜泥一起倒入锅中，大火煮沸后转小火熬煮3分钟，至汤浓稠即可。

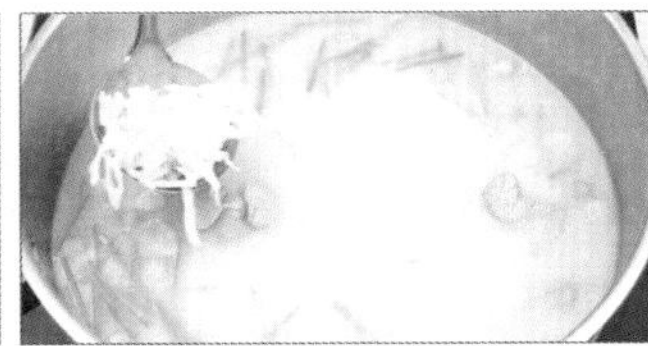

什锦汤

原料：包心菜200克，干香菇30克，榨菜40克，胡萝卜150克，玉米1根，蚕豆50克，芹菜适量。

调料：盐、油、高汤各适量。

做法：❶ 包心菜洗净掰开，切成丝；香菇泡软洗净，去蒂后切成片；榨菜、胡萝卜洗净切成丝；玉米刮下玉米粒；芹菜切丁；蚕豆洗净。❷ 锅中加入适量油，烧热后加入胡萝卜丝、玉米粒、芹菜丁、香菇片、榨菜丝和蚕豆略炒一下。❸ 锅中再加入适量高汤，煮沸，放入包心菜。❹ 加入适量盐，煮至包心菜熟软，即可食用。

小贴士：什锦汤的做法简单，你可以根据自己爱好，添加其他的蔬菜品种，如金针菇、洋葱、西红柿等，都是不错的选择。

白菜粉丝汤

原料：白菜100克，粉丝50克。

调料：葱5克，盐5克，香油适量，味精少许。

做法：❶ 将白菜择好洗净，切成丝；粉丝剪成10厘米长的段，用温水泡软；将葱洗净，切成末。❷ 将锅置于火上，加油烧热，放入葱末煸炒出香味，然后加入白菜丝继续煸炒。❸ 锅中倒入足量水，加入粉丝，煮沸。❹ 根据自己的口味，加入适量的盐和味精，出锅前淋少许香油即可。

小贴士：煲汤的时候加入一个浓汤宝可以让汤的味道更加鲜美，而且不需要再加入味精了。

黄瓜竹荪汤

原料：黄瓜 100 克，竹荪（干）150 克。

调料：盐 2 克，味精 1 克。

做法：

❶ 将竹荪用水浸泡 4 小时后洗净，切段。

❷ 黄瓜洗净，切成薄片待用。

❸ 锅内放入适量清水，加入盐、味精煮开。

❹ 将黄瓜片、竹荪段加入锅中，大火煮开后即可。

小贴士：黄瓜竹荪汤中只使用黄瓜和竹荪作为原料，味道清淡，其中黄瓜片和竹荪都不宜煮太久，否则会影响口味。

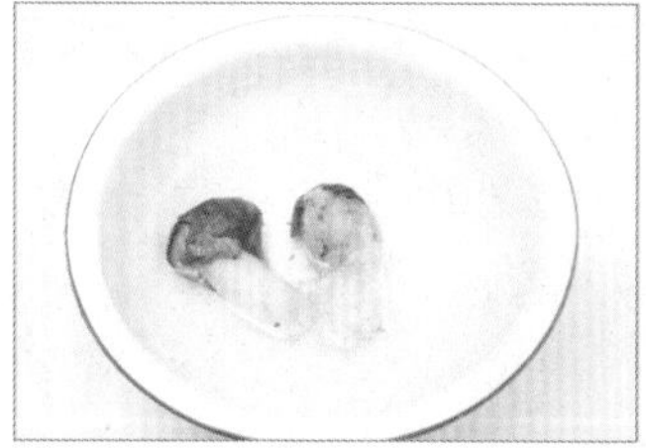

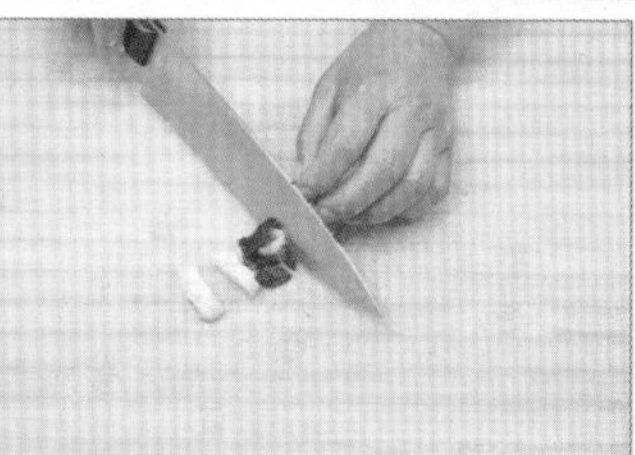

银耳西红柿汤

原料：银耳数朵，西红柿 1 个，甜玉米 1 根。

调料：盐适量。

做法：❶ 银耳用温水泡发，洗净杂质，去除根蒂，撕成小朵儿；西红柿洗净去皮，切成小丁；将甜玉米粒剥下备用。❷ 砂锅中加入适量水，将银耳放入，煮 1 小时至黏稠。❸ 将西红柿丁和甜玉米粒放入银耳汤中，大火煮开后改小火煮 15 分钟。❹ 最后加入适量盐调味即可。

小贴士：这道汤做成甜口也十分合适，做汤时只要将这道汤羹中的盐换成冰糖即可。

大芥菜红薯猪骨汤

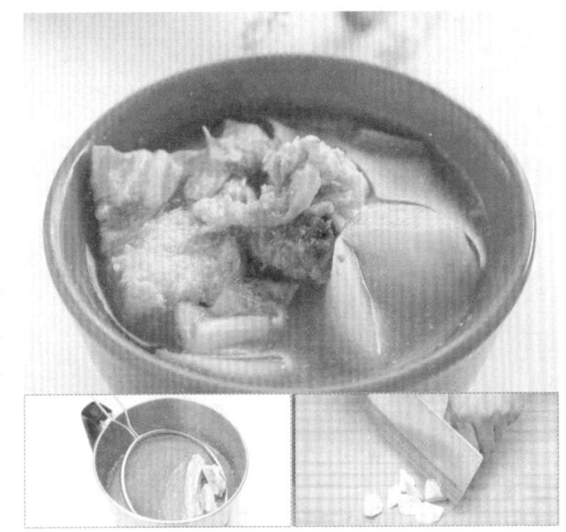

原 料：带肉猪扇骨 400 克，红薯 400 克，大芥菜 150 克。

调 料：姜、盐各适量。

做 法：❶ 猪扇骨清洗干净，切件，焯水之后备用；芥菜洗净切段；红薯洗净，去皮，切滚刀块；姜洗净切片。❷ 将猪扇骨放入锅中，加适量清水熬煮一个半小时。❸ 将姜片、芥菜段、红薯块放入排骨汤中，继续熬半小时。❹ 最后根据自己的口味，放盐调味即可饮用。

豆苗芋头汤

原 料：豆苗 200 克，小芋头 100 克，高汤 1000 毫升。

调 料：盐适量。

做 法：❶ 将豆苗洗净，焯水备用；芋头洗净去皮，切成小块。❷ 将高汤倒入锅中，加入芋头块，大火烧开后转小火煮 10 分钟左右，直至芋头块熟透软烂。❸ 将豆苗倒入锅中略煮。❹ 出锅前根据自己的口味加入适量盐调味。

小贴士：豆苗俗称豌豆苗，其质地较为鲜嫩，不宜久炒、久炖，大火快炒或入水稍煮即可，以免营养流失。

上汤鲜黄花菜

原 料：黄花菜 200 克，瘦肉 100 克，皮蛋 1 个。

调 料：盐、油、生抽、蒜各适量。

做 法：❶ 把黄花花蕊全部摘掉，然后把它放在淡盐水中浸泡 30 分钟左右；将瘦肉切成薄片，用盐、油、生抽腌片刻；皮蛋去外壳备用；蒜剥皮，切末。❷ 锅中加油烧热，加入蒜末爆香。❸ 加入适量清水，把去壳皮蛋放到水中一起煮开。❹ 水煮沸后加入黄花菜，瘦肉，煮 5 分钟加入盐调味即可。

小贴士：黄花菜性味甘凉，有止血、消炎、清热、利湿等功效。用黄花菜煮汤时不要煮太长时间。

火腿洋葱汤

原料：火腿50克，洋葱100克。

调料：植物油、蒜、鸡精、盐、黑胡椒粉各适量。

做法：❶将火腿切成3厘米长的段；洋葱去皮，洗净，切成片备用；蒜去皮，切末。❷锅置火上，放适量植物油烧热，放入火腿煸炒至香酥，盛出。❸重新将锅中放油烧热，放入蒜末爆香。❹放入洋葱片，翻炒出香味，倒入适量清水煮沸，转小火加盖焖煮10分钟。❺最后放入煸炒过的火腿、盐、黑胡椒粉、鸡精，搅匀即可。

胡萝卜杏仁汤

原料：胡萝卜300克，杏仁30克，荸荠50克。

调料：冰糖适量。

做法：❶杏仁洗净，在水中浸泡1小时；胡萝卜洗净，去皮，切成块。❷荸荠洗净，去皮，切成两半。❸锅内倒入清水，放入胡萝卜块、杏仁和荸荠，大火煮开。❹根据自己的口味加入适量冰糖调味，再用小火继续炖30分钟即可。

小贴士：胡萝卜本身就带有甜味，如果喜欢喝更甜一点儿的汤的话，可以在汤中加入几颗蜜枣一起煲。

芹菜叶汤

原料：芹菜叶200克。

调料：盐、味精、香油、植物油、葱、姜各适量。

做法：❶将芹菜洗净择好，将芹菜叶摘下备用；葱洗净，切成葱花；姜洗净，切末。❷锅中倒入植物油烧热，放入葱花炝锅。❸将芹菜叶和姜末倒入锅中，略加翻炒，倒入适量清水煮沸。❹根据个人口味，加入适量盐、味精调味，出锅前淋上香油即可。

小贴士：其实芹菜叶也一样有营养，但煮汤时尽量选择嫩一点的芹菜叶。

番茄茭白汤

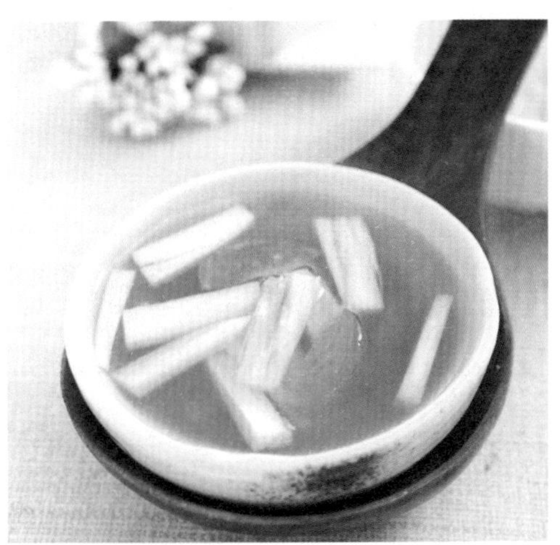

原 料：茭白 300 克，西红柿 200 克。

调 料：番茄酱、料酒、盐、味精、白砂糖、高汤、植物油各适量。

做 法：❶ 茭白去壳洗净，在菜板上拍松，切成长条备用；西红柿洗净，切成瓣。❷ 将植物油倒入锅中，大火烧至七成热，下茭白条炸至淡黄色，捞出沥油待用。❸ 将锅中剩下的油重新烧热，放番茄酱煸炒一下，加入高汤、料酒、盐、白砂糖，煮沸。❹ 将西红柿瓣和茭白条加入锅中，加盖，小火焖熟。❺ 最后加入适量味精调味即可。

牛蒡蔬菜汤

原 料：豆芽菜 30 克，荷兰豆 20 克，红萝卜 30 克，牛蒡 30 克，猪肉片 50 克，香菇 20 克。

调 料：酱油、盐、胡椒粉各适量。

做 法：❶ 将豆芽菜洗净，去掉头尾；荷兰豆洗净焯水，切成细丝；红萝卜洗净，切丝；牛蒡去皮洗净，削成细丝；猪肉片稍腌制后切丝后汆烫备用；香菇洗净去蒂。❷ 锅中放入香菇煮开，加适量酱油调味。❸ 将豆芽菜、荷兰豆、红萝卜、猪肉丝、牛蒡丝加入汤中大火煮开后改小火，煮至所有食材都熟烂。❹ 加入适量盐和胡椒粉调味。

西湖莼菜汤

原 料：莼菜 200 克，熟火腿 50 克，熟鸡脯肉 50 克，清汤 400 毫升。

调 料：盐适量。

做 法：❶ 将火腿、鸡脯肉分别切成细丝；莼菜置沸水中过一下，水再次沸腾后立即捞出，沥干后备用。❷ 锅中倒入清汤，加入火腿丝和鸡肉丝，大火煮开。❸ 放入莼菜，稍微搅拌一下即可。❹ 最后加入适量盐调味即可。

小贴士：莼菜味道鲜美滑嫩，是一种珍贵蔬菜。莼菜焯烫要迅速，勿久煮，以免失去色泽。

南瓜四喜汤

原料：南瓜100克，牛肉丸、胡萝卜、莴笋各50克，清汤适量。

调料：盐、鸡精、香油各适量。

做法：❶将南瓜、胡萝卜、莴笋分别洗净，去皮，切成小块；牛肉丸洗净。❷将适量清汤倒入锅中，加入牛肉丸，大火煮沸后撇去浮沫。❸将南瓜块、胡萝卜块、莴笋块放入汤中，继续用大火煮沸。❹加入适量盐和鸡精调味，出锅前淋上香油即可。

小贴士：制作此汤时可以加入自己制作的丸子，除了牛肉丸，也可以在汤中加入其他丸子。

南瓜瘦肉汤

原料：南瓜200克，番茄150克，红豆40克，陈皮3克，瘦肉100克。

调料：盐适量。

做法：❶红豆洗净后泡水3小时；南瓜去皮和瓤，洗净后切厚片；番茄洗净，切片；瘦肉洗净，焯水备用；陈皮冲净备用。❷锅中加适量清水煮开，将瘦肉、陈皮、红豆一同放入开水锅内，大火煲30分钟。❸下入南瓜片，煲至材料软烂。❹加入番茄片和适量盐，稍煮片刻即可。

三鲜冬瓜汤

原料：冬瓜100克，冬笋、冬菇各50克。

调料：葱、盐、胡椒粉、味精各适量。

做法：❶冬瓜去皮，洗净，切成3厘米的小块；冬笋洗净，切片；冬菇泡发，洗净去蒂，切成片备用；葱洗净，切成葱花。❷锅置火上，放入适量清水，加盐煮开，放入冬菇片、冬瓜块、冬笋片，再次烧沸后转中火煮15分钟。❸根据自己的口味，加入适量胡椒粉、味精调味，出锅前撒上葱花即可。

小贴士：如果喜欢吃肉的话，你可以在此汤中加入一些火腿同煮，能提鲜增味。

第3天

炖出浓香滋补畜肉汤

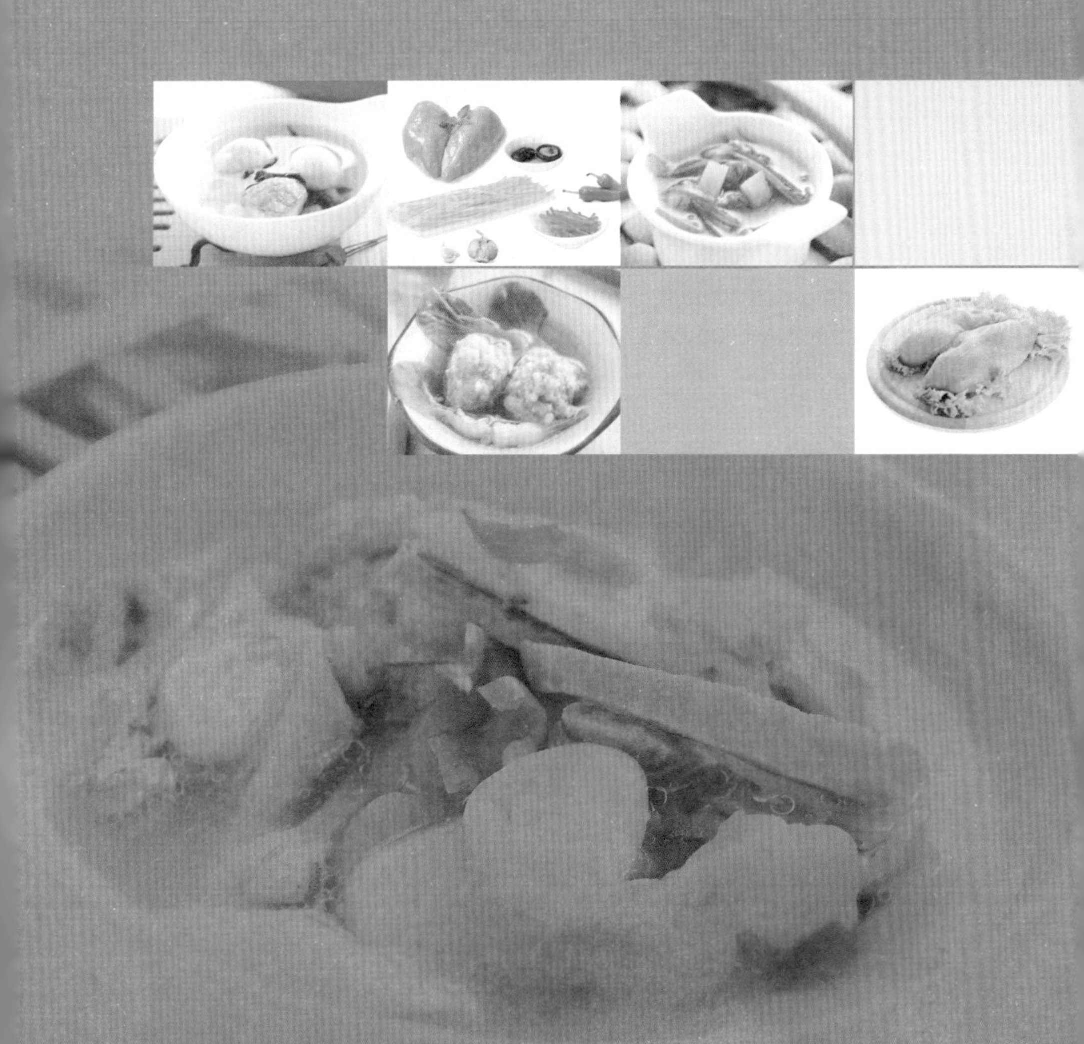

莲藕腔骨汤

原料：莲藕 500 克，猪腔骨 1000 克。

调料：姜、盐各适量。

做法：

❶ 腔骨洗净，放入冷水中焯一下，捞出。

❷ 将藕洗净去皮，去两端，切滚刀块备用。

❸ 姜洗净，切片备用。

❹ 锅中加入适量清水煮开，放入腔骨、姜片，煮沸后转小火继续煮半小时。

❺ 将切好的藕块加入锅里，盖盖儿，小火炖煮 1 个半小时左右。

❻ 出锅前，加盐调味即可。

小贴士：煲汤和炒菜时适用的藕是不同的，短粗、多孔且色泽偏深的莲藕适合于煲汤，味道比浅色的莲藕更香。

山药排骨汤

原 料：山药500克，排骨800克。

调 料：姜5克，盐3克，枸杞子适量。

做 法：

❶ 姜切成片，排骨切块。

❷ 清水中放入排骨和姜片，水开后将排骨捞起，沥去多余水分。

❸ 将山药去皮，切块，用清水浸泡。

❹ 将排骨和姜片一起放入锅内，加入足量的清水，煮开后转小火炖40分钟左右。

❺ 下入山药，继续炖25分钟左右。

❻ 加入枸杞子，盖上锅盖，煮5分钟，出锅前加入适量盐即可。

小贴士：在炖骨头汤的时候加点醋，可以使骨头中的蛋白质融入汤中，利于营养的吸收。

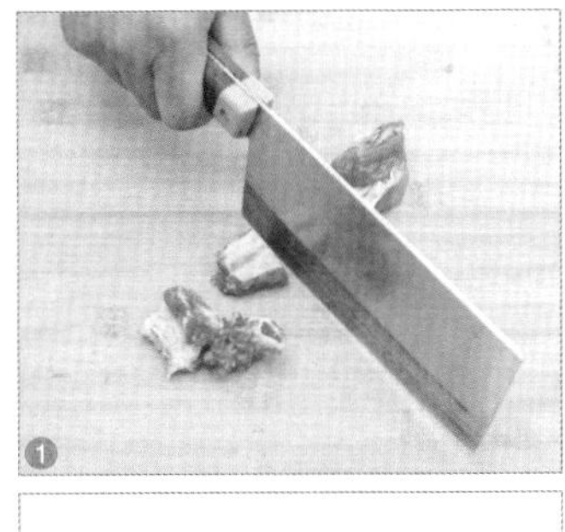

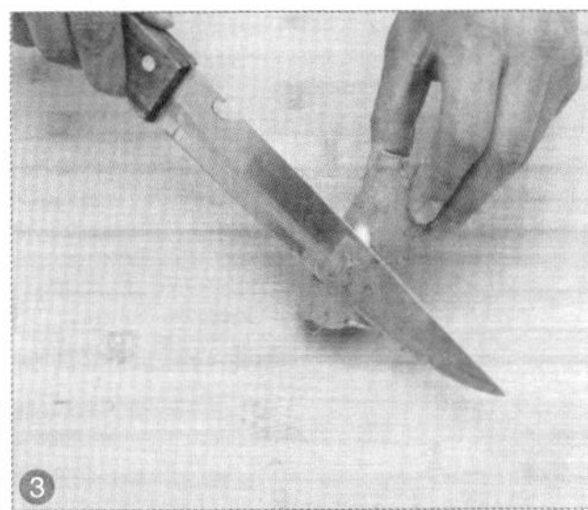

清炖狮子头

原 料： 前臀尖猪肉 500 克，油菜芯 6 小棵，高汤 500 毫升。

调 料： 大葱 10 克，姜 5 克，淀粉 10 克，盐 10 克，香葱 5 克，料酒 30 毫升。

做 法：

❶ 油菜心择洗干净；香葱洗净，切成葱末备用。

❷ 猪肉、大葱、姜剁成末，调和在一起，再加入淀粉、料酒和盐，搅拌均匀。

❸ 将和好的猪肉馅均分成 4 份，手上蘸水，将每份猪肉馅都团成 1 个大丸子。

❹ 大丸子放入一个深碗中，缓缓注入冷高汤，汤要能没过肉丸。

❺ 将深碗放入蒸锅中，隔水大火蒸 40 分钟。

❻ 煮锅中加清水煮沸，将油菜芯放入汆熟。

❼ 将煮熟的油菜心取出沥干水分后，整齐码入一个深盘中。

❽ 将蒸好的狮子头放入此盘中，并淋入清蒸狮子头的肉汤，最后撒上香葱末即可。

小贴士：比较大的狮子头不容易熟，为了节省烹饪时间，以可以将狮子头做得小些，减少隔水蒸的时间。

春笋排骨咸肉汤

原料：春笋350克，排骨400克，咸肉60克。

调料：姜10克，小葱2根，盐适量，料酒少许。

做法：

❶ 排骨剁成小块，在沸水里煮2分钟以焯去血水；春笋去皮，切成滚刀块，焯水后沥干备用；咸肉切成薄片；姜洗净，切片；葱洗净，切小段。

❷ 锅中加入适量清水，放入排骨，大火煮开后撇去浮沫。

❸ 锅中放入笋块，加入料酒，大火煮沸后转小火，加盖煮1个半小时。

❹ 放入咸肉和姜片，大火煮开后转小火煮20分钟。

❺ 加入适量盐，继续煮10分钟。

❻ 最后放入几段小葱即可。

小贴士：做这道汤时姜与料酒不宜多放，否则会破坏汤的原味。

海带豆皮猪肉汤

原料：豆皮 2 张，肉馅 100 克，海米 25 克，草菇、海带丝、油菜心各 50 克，高汤 300 毫升。

调料：盐、酱油、味精、植物油、料酒、姜、葱各适量。

做法：

1. 将豆皮切成大块；油菜心洗净；海米、草菇、葱、姜洗净，切末。
2. 炒锅置旺火上倒植物油，放入豆皮稍煎片刻。
3. 锅留底油，烧至五成热时放入葱末、姜末、肉馅炒至变色。
4. 加入料酒、酱油、盐、海米末、草菇末翻炒均匀，盛入盘中备用。
5. 将豆皮摊开，包入炒好的肉馅。
6. 用海带丝将包好肉馅的豆皮系好。
7. 炒锅置旺火上，放入高汤、豆皮肉馅包、盐煮开锅。
8. 往锅里放入油菜心滚一下后，加入适量味精调味即可。

小贴士：汤中的海带和猪肉较不易煮熟，因此要先放入锅中，而油豆腐皮要最后加入，滚开即可关火，时间长了会煮太烂。

西红柿土豆肉片汤

原料：西红柿100克，土豆100克，猪肉50克。

调料：油、盐、鸡精、淀粉、料酒、白砂糖各适量。

做法：

1 猪肉洗净切片，加入淀粉、白砂糖、盐、料酒腌制一下。

2 西红柿洗净，切丁；土豆去皮洗净，切丁。

3 锅内加油烧至七分热，将肉片放入，煸炒至变色，取出备用。

4 把土豆和西红柿一起倒入锅中煸炒至西红柿出汁。

5 锅中加入适量清水，加盖大火煮沸后转中火，煮至土豆熟软。

6 倒入炒过的肉片继续煮一会儿，出锅前加入适量的盐和鸡精调味即可。

小贴士：在煮汤时，一般会最后放盐，以免汤中的食材变得不够鲜嫩，但煮这道汤时也可以在煸炒土豆、西红柿时加盐。

黄瓜猪丸汤

原料：猪肉馅200克，黄瓜150克。

调料：盐、鸡精、酱油、香油、淀粉、料酒、葱、姜、香菜各适量。

做法：

❶将黄瓜洗净，切片；香菜洗净，切末；姜和葱洗净，一半切成末，另一半切片。

❷将猪肉馅中加入适量的淀粉、盐、料酒、葱末、姜末搅拌好。

❸将搅拌好的肉馅用手攥成大小合适的丸子。

❹锅中加入凉水，放入另一半葱、姜，凉水下入肉丸。

❺当丸子煮熟，放入盐、酱油、鸡精。

❻放入黄瓜略煮。

❼将汤盛入准备好的碗中。

❽加适量香油，撒上香菜即可。

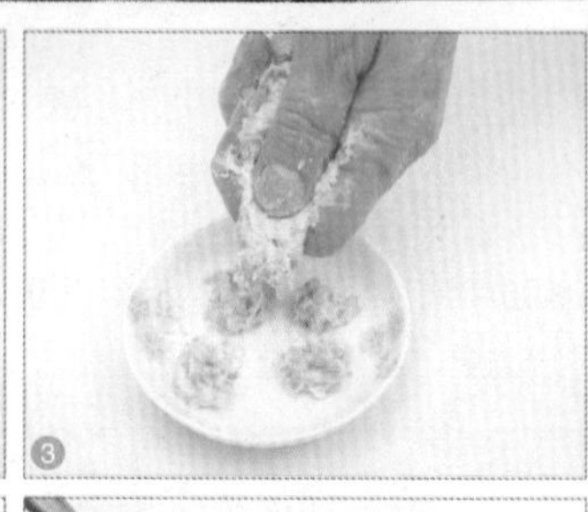

小贴士：煮制黄瓜猪肉丸汤时，黄瓜的清爽口感能够很好地衬托肉丸的鲜香，但黄瓜不要多煮，否则会影响口味。

牛肉玉米萝卜蛋汤

原料：鸡蛋2个，甜玉米粒、胡萝卜、牛肉各适量。

调料：酱油、料酒、盐、鸡精、葱各适量。

做法：

1. 牛肉洗净，切成小丁，焯水备用。
2. 胡萝卜洗净，去皮，切成小丁；鸡蛋打入碗中搅散；葱洗净后切成葱花。
3. 置锅火上，锅中加油烧热，放入牛肉丁稍加煸炒，加酱油、料酒调味。
4. 放入胡萝卜丁翻炒一下。
5. 锅中加入适量清水，下入玉米粒，大火煮沸后转小火，煮至所有食材熟透。
6. 将蛋液倒入汤中，慢慢搅拌成蛋花，待蛋花成形后加入适量盐调味，最后撒上葱花即可。

小贴士：煮制这道汤时，如果想让汤汁显得浓稠一些，也可以在汤中加入少许水淀粉，搅拌均匀。

洋葱牛肉西红柿汤

原料：牛肉250克，西红柿200克，洋葱150克。

调料：姜、盐、番茄酱各适量。

做法：

1 牛肉洗净，切块后焯去血水。

2 西红柿洗净，去皮，切成小块。

3 洋葱去皮，切成块；姜洗净，切成片。

4 锅中加入适量清水，放入焯好的牛肉和姜片，大火煮沸。

5 改成小火继续煮至牛肉酥烂。

6 另起一炒锅，加入适量油烧热，下入番茄块和洋葱块翻炒几下。

7 再加入番茄酱，煸炒一下。

8 将炖好的牛肉和炖牛肉的汤倒入炒锅中，略煮一会儿，再根据自己的口味，加入适量盐调味即可。

小贴士：煮制这道汤时加入番茄酱可以让汤的口感更香浓，喜欢清淡口感的人也可以不加番茄酱。

酸菜鸭血汤

原 料：五花肉250克，东北酸菜200克，冻豆腐100克，鸭血150克，宽粉条50克。

调 料：油、盐、葱、姜、胡椒粉各适量，八角3个，花椒3克，料酒20毫升，鸡精、香油各少许。

做 法：

❶ 将宽粉条放入水中泡软；五花肉洗净。

❷ 酸菜洗净，切碎；冻豆腐切片。

❸ 鸭血切片后焯水备用。

❹ 锅中加水，加入花椒、八角、葱、姜、料酒，放入五花肉煮30分钟。

❺ 将煮好的五花肉切片，拣出肉汤中的调料，留肉汤备用。

❻ 炒锅倒少许油，放入葱姜爆香，倒入酸菜炒出香味。

❼ 倒入煮肉的肉汤煮5分钟，加入适量清水，再加入鸭血、冻豆腐，大火煮10分钟。

❽ 放入煮好切片的五花肉继续煮5分钟，放入粉条煮至粉条透明，再加入盐、鸡精、胡椒粉调味，出锅前淋入少许香油即可。

1

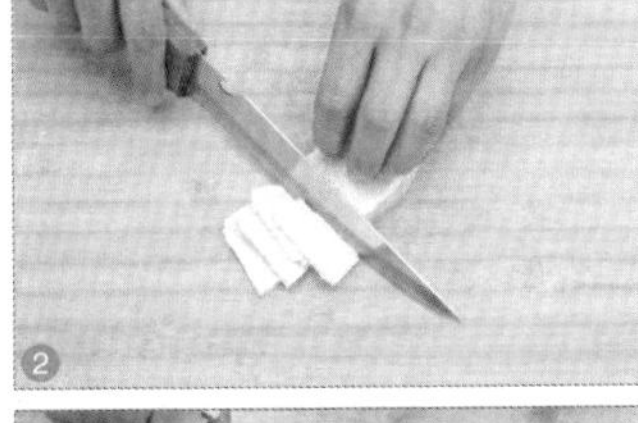
2

3

4

5

6

7

8

小贴士：如果觉得酸菜鸭血汤中的五花肉过于肥腻，可以准备一些用清水调开的芝麻酱和加过酱油、醋的蒜末当作蘸料来蘸着吃。

莴笋丸子汤

原 料：肉丸150克，莴笋200克。

调 料：油、盐、料酒、味精、胡椒粉、葱、姜各适量。

做 法：

❶ 莴笋去皮洗净，切成块；葱洗净，切段；姜洗净，切片。

❷ 炒锅上火，加少许食用油，放入葱段、姜片爆香，再放入莴笋煸炒。

❸ 加入水煮开，放入肉丸，中火煮开，撇去浮沫，加少许料酒。

❹ 加盖小火煲10分钟左右，加适量盐、味精、胡椒粉调味即可。

小贴士：购买肉丸的时候要注意辨别，质量差的肉丸血腥味、尿臊味、鸡精的味道很浓，鲜肉做的都较轻；没加弹力素的用手捏能立刻返回原形，加了弹力素的捏后反弹较慢。

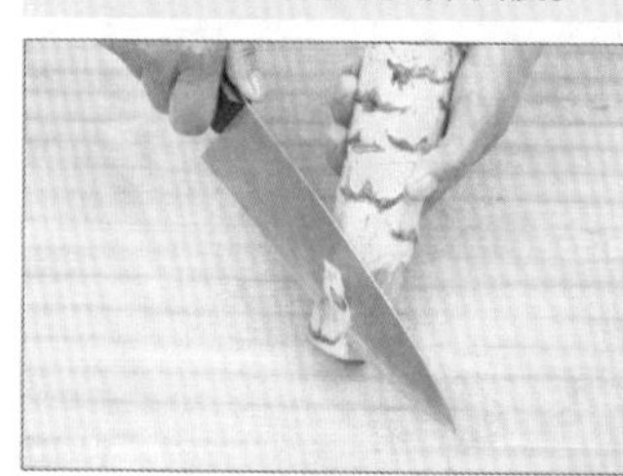

丸子豌豆汤

原 料：豌豆200克，贡丸100克，鱼丸100克，鹌鹑蛋100克，木耳50克。

调 料：油、盐、鸡精各适量。

做 法：❶ 将木耳泡发，洗净，去蒂，切成丝；鹌鹑蛋煮好，剥壳。❷ 砂锅倒入三分之二凉水，烧开，加入适量油、盐。❸ 放人豌豆，加盖煮沸。❹ 放入贡丸、鱼丸、木耳丝，加盖略煮。❺ 最后放入鹌鹑蛋，加盖焖1分钟，加适量鸡精即可。

小贴士：鱼丸和贡丸如果已经解冻，煮的时间就稍短些，如果未解冻就多煮一会儿。

虫草花龙骨汤

原料：虫草花10克，芡实20颗，枸杞子30颗，干贝10粒，甜玉米1根，腔骨500克。

调料：料酒、盐适量。

做法：❶ 把腔骨用清水冲净，加料酒，焯水；虫草花、芡实和枸杞子泡水后洗净，沥干备用；甜玉米切成小块。❷ 把腔骨放入汤煲中，加入足量的清水，大火煮沸后撇去浮沫。❸ 放入虫草花、芡实、枸杞子和干贝，小火煲1小时。❹ 放入玉米块后，再继续用小火煲1个半小时。❺ 最后加入适量盐调味。

红枣莲子排骨汤

原料：莲子25克，红枣25克，小排骨200克，红萝卜60克。

调料：米酒1大匙，盐1小匙。

做法：❶ 莲子洗净泡水后沥干水分备用；红枣洗净，去核；排骨剁成块，焯水后洗净；红萝卜洗净，去皮，切小块。❷ 锅中加入适量清水，放入莲子、红枣、排骨、红萝卜，加入米酒，用大火煮开后转小火，熬煮约1小时。❸ 食用前根据自己口味加入适量盐调味。

金针排骨汤

原料：小排600克，金针菇50克。

调料：姜5克，料酒、盐各适量。

做法：❶ 排骨洗净，焯水；金针菇洗净，泡软，摘除蒂头硬结；姜洗净，切片。❷ 将排骨放入炖盅内，淋料酒1大匙，加入姜片和开水适量，蒸20分钟。❸ 待排骨熟软，放入金针菇同蒸10分钟。❹ 出锅前加适量盐调味。

小贴士：做好的金针排骨汤汤汁鲜亮、汤味浓厚，如果喜欢吃肉，购买排骨时可选用肉层较厚者，但较肥，做出的汤汁略油。

玉米龙骨汤

原料：玉米2根，龙骨500克。

调料：盐适量。

做法：❶龙骨洗净，玉米切块。❷龙骨和玉米放入炖盅中，加满水，加适量盐。❸放入装有沸水的锅里，隔水大火蒸1小时左右。

小贴士：玉米切得大块一些，这样和龙骨一起煲，才能适合火候。若用其他辅料，如莲藕、萝卜、苦瓜、海带、淮山、茶树菇等，可先将龙骨煮熟，再加入辅料和盐，用中火再煮15分钟。

药膳排骨汤

原料：排骨500克，莲子20克，玉竹20克，枸杞子、淮山各适量。

调料：盐少许。

做法：❶排骨焯水，洗净；莲子、玉竹、枸杞子、淮山洗净。❷砂锅中加水，放入排骨，大火煮沸。❸将玉竹、淮山、莲子放入，大火煮开后转小火炖90分钟。❹放入枸杞子，再煮10分钟。❺出锅前加入适量的盐调味。

小贴士：在制作此汤时，可将排骨先汆烫后洗干净，这样喝汤的时候不会喝到碎骨头。

萝卜排骨汤

原料：排骨500克，萝卜300克。

调料：姜、盐、鸡精、料酒各适量。

做法 ❶排骨斩成1寸左右的段，放入锅中，加料酒，焯水，洗净；萝卜洗净，去皮，切成滚刀块；姜洗净，切片。❷锅中加入适量清水，将排骨和姜片放入锅中，大火煮开，再改小火炖1小时。❸放入萝卜，煮至熟。❹出锅前加入适量盐、鸡精调味即可。

小贴士：煮好的萝卜排骨汤汤汁鲜香，如果你喜欢喝比较清爽的汤，吃之前也可加入适量葱花或者香菜。

圆白菜果香肉汤

原料：圆白菜200克，苹果150克，猪肉30克。

调料：盐5克，白砂糖2克。

做法：

❶ 将猪肉洗净，切块备用。

❷ 圆白菜、苹果分别洗净，切块。

❸ 汤锅上火倒入适量水，加入适量白砂糖和盐，下入猪肉、圆白菜，煲至七分熟。

❹ 倒入苹果煲至熟烂即可。

小贴士：煮这道汤时，也可待汤煮开后再加入圆白菜，煮时记得加盖，这样能更好地保留圆白菜的营养。

百年好合肉片汤

原料：瘦肉100克，莲子50克，百合20克，高汤600毫升，枸杞子少许。

调料：姜5克，盐2克，淀粉、食用油、香油各适量。

做法：❶ 瘦肉切薄片，用淀粉、食用油抓匀，腌制15分钟；百合洗净，掰成小片；姜洗净，切片；莲子、枸杞子洗净。❷ 砂锅中放入高汤、姜片、莲子，煮开后转小火，煮到莲子软熟。❸ 放入瘦肉片大火煮5分钟。❹ 加入百合再煮2分钟。❺ 加入枸杞子略煮。❻ 最后加入适量盐、香油调味即可。

薏米板栗瘦肉汤

原 料：瘦肉200克，板栗100克，薏仁60克，高汤适量。

调 料：盐适量。

做 法：❶薏仁洗净，浸泡一夜；瘦肉洗净漂去血水，切丁，焯水；板栗去壳、去衣后，洗净备用。❷锅中加入高汤，再加入瘦肉、板栗和薏仁，一起炖煮到酥烂。❸加盐调味后即可食用。

小贴士：煮此汤需要注意的是，薏仁不容易煮烂，一般要经过长时间浸泡才能用来煮汤。

山药猪肉汤

原 料：猪瘦肉100克，山药100克，海带50克。

调 料：鸡精、盐各适量，香油少许。

做 法：❶海带泡发，洗净，切成丝；将山药去皮，洗净，切片；猪肉洗净，切片。❷将山药和猪瘦肉放入锅中，加清水和盐炖至熟烂。❸放入水发海带丝，根据自己的口味加入适量的盐和鸡精，煮开。❹最后在汤中淋入香油即可。

小贴士：汤中的海带口感柔韧，喜欢吃比较软烂海带的人，可以在煮汤时加少许醋。

苦瓜海带瘦肉汤

原 料：苦瓜300克，海带100克，瘦肉260克。

调 料：盐、味精各适量。

做 法：❶将海带泡发，洗净，切成丝；苦瓜洗净，切开，挖去核，切块；瘦肉切成小块。❷将泡发好的海带丝、苦瓜块、瘦肉放入砂锅中，加适量清水大火煮开，再转小火，煮至瘦肉烂熟。❸出锅前根据自己的口味加入适量的盐和味精即可。

小贴士：苦瓜海带瘦肉汤具有清热去火的功效，其中苦瓜具有清热解毒的作用，煲汤时选择颜色青翠、新鲜的苦瓜效果更好。

白菜排骨煲

原 料：排骨500克，白菜、洋葱各适量，青椒1个。

调 料：盐、糖、鸡精、料酒、葱、姜各适量。

做 法：❶ 排骨洗净，切成块；白菜洗净，切块；洋葱剥皮，切片；青椒、姜洗净，切片；葱洗净，切段。❷ 锅中加油烧热，放入排骨煎至两面金黄。❸ 锅中倒入开水，加入葱、姜、料酒，炖20分钟。❹ 放入白菜，加入盐、糖等调味，再炖上10分钟。❺ 放入洋葱、青椒，略炖一会儿即可。

小贴士：白菜一定等排骨炖至八成熟后再放，否则可能导致白菜炖得过软影响口感。

回锅肉煲白菜

原 料：大白菜350克，瘦猪肉100克。

调 料：豆瓣酱20克，酱油5克，白砂糖5克，味精2克，料酒5克，豌豆淀粉10克，葱末10克，姜末10克，盐适量。

做 法：❶ 将猪肉切成2.5厘米长、1.5厘米宽的片；白菜切成片；豆瓣酱剁碎；淀粉调和成水淀粉。❷ 锅内加油烧热，放入豆瓣酱炒至红色，加入料酒、酱油、葱末、姜末、白砂糖、白菜片煸炒。❸ 加入肉片煸炒至变色，用水淀粉勾芡。❹ 倒入适量清水，稍煮之后加入少许盐、味精调味。

空心菜肉片汤

原 料：空心菜300克，瘦肉150克。

调 料：油、盐、淀粉各适量。

做 法：❶ 瘦肉洗净，切片，用淀粉、盐腌制一下；空心菜洗净，折段。❷ 锅内加入适量清水，烧开，加少许油，倒入空心菜。❸ 将肉片放入，煮至肉片变色，将肉片划开，继续煮至熟。❹ 根据自己的口味，加入适量盐调味即可。

小贴士：肉片用淀粉腌过之后再煮汤会比较嫩滑，煮时等肉片变色再划开，这样汤会比较清澈。

猪肉芋头香菇煲

原料：芋头300克，肉末适量，香菇100克。

调料：姜、料酒、糖、盐各适量。

做法：❶芋头洗净后去皮，切块；香菇洗净后去蒂，切成片；姜洗净，切片。❷置锅火上，锅中加油烧热，下入姜片炒香，加入料酒和糖，将肉末炒至变色。❸锅中加入适量清水，放入切好的芋头，大火煮开后转小火，煮至芋头熟烂。❹放入香菇片略煮，最后加入少许盐调味即可。

小贴士：煮制此煲时加入了适量的肉末来增添汤的鲜味，在煮汤时也可以将肉末换成腊肉片。

猪蹄瓜菇汤

原料：猪蹄1只，丝瓜300克，豆腐250克，香菇30克。

调料：红枣30克，黄芪、枸杞子各12克，当归5克，姜5片，盐少许。

做法：❶猪蹄去毛，洗净，剁块，煮10分钟；香菇泡软，去蒂；丝瓜去皮，切块；黄芪、当归放入过滤袋中备用；红枣、枸杞子洗净。❷锅内放入过滤袋、红枣、枸杞子，再将猪蹄、香菇和姜片放入，大火煮开后改小火煮1小时。❸加入丝瓜、豆腐继续煮5分钟，最后加入盐调味即可。

白果小排汤

原料：猪小排250克，白果（干）20克。

调料：料酒20克，姜15克，盐3克，味精1克。

做法：❶小排骨洗净，焯去血水；白果去掉外壳，洗净。❷锅中放入排骨，加入料酒、姜片和1000毫升水，煮开后改用小火，焖煮30分钟左右。❸将处理好的白果放入汤内，再放入盐、味精调味，继续煮30分钟即可。

小贴士：煮此汤不要加酱油，以保持汤色清爽，如果你喜欢吃酱油的话，可以在食用时配酱油味碟。

花生煲猪脚

原料：猪蹄150克，花生仁50克。

调料：料酒1大匙，胡椒粉1小匙，盐2小匙，味精1小匙，香葱2棵，生姜1块。

做法：

❶ 猪蹄洗净后剁成块；花生仁洗净待用；生姜洗净，拍松，切成两块；香葱洗净，切段。

❷ 锅置大火上，加清水，放一块生姜、一半香葱、料酒，放入猪蹄汆水后捞出。

❸ 砂锅置火上，放进猪蹄块、花生仁，另一半姜和香葱、水，大火煮沸后改用小火，煲约3小时。

❹ 最后把盐、胡椒粉、味精加入砂锅内调味，挑出姜、香葱即可。

小贴士：猪蹄含有丰富的胶原蛋白质，在煮汤之前一般要焯水，撇净血水，否则汤汁不白。

当归生姜炖羊肉

原料：羊肉350克，当归15克。

调料：生姜10克，盐、胡椒粉、味精、甘蔗汁、花生油各适量。

做法：❶ 将生姜去外皮，洗净；当归洗净备用；羊肉洗净，切成块，放入沸水锅中烫一下，过凉水洗净，待用。❷ 锅置火上，加适量清水煮沸，放入生姜、当归、羊肉块、甘蔗汁，锅加盖，小火炖至羊肉烂熟。❸ 放入胡椒粉、花生油、盐、味精，稍煮片刻即可。

白萝卜羊肉煲

原 料：羊肉300克，白萝卜400克，红枣、蒜苗各适量。

调 料：料酒、盐、姜、葱、胡椒粉各适量。

做 法：❶ 羊肉斩大块，清洗一下，用开水焯一下。❷ 白萝卜洗净，切块；蒜苗洗净，切碎；姜洗净，切片；葱洗净，切段；红枣洗净。❸ 锅中加入适量清水，放入羊肉、红枣、姜片和葱段，加入料酒，大火煮开，撇去浮沫，转小火煮1个半小时。❹ 放入白萝卜块，大火煮沸后转小火，煮至萝卜熟透。❺ 加入盐和胡椒粉调味，继续煮3分钟，最后撒上蒜苗即可。

豆浆炖羊肉

原 料：羊肉500克，豆浆500克，山药150克。

调 料：姜10克，盐6克，熟植物油20克。

做 法：❶ 羊肉洗净沥干，切块；山药去皮，洗净，切段；姜洗净，切片。❷ 将豆浆倒入炖锅内加热，将开时加入熟植物油、羊肉块、山药、姜片。❸ 大火烧开转小火，炖至羊肉熟烂，最后加入盐调味即可。

小贴士：羊肉具有暖中补虚、补中益气、开胃健身的作用，在挑选羊肉煮汤的时候最好选择肥瘦兼有的，吃起来比较香。

葱香羊肉汤

原 料：羊肉250克，大葱100克。

调 料：姜、干辣椒、蒜、生抽、盐、花椒、鸡精各适量。

做 法：❶ 羊肉洗净，切块，焯水备用；大葱洗净，切丝；蒜去皮，切片；姜洗净，切丝。❷ 锅中加入适量清水，放入羊肉和姜丝，大火煮沸后撇去浮沫。❸ 加入蒜片、干辣椒、花椒和大部分葱丝，大火煮沸后改小火，加盖焖煮1个半小时左右。❹ 锅中加入盐、生抽、鸡精调味，再加入剩下的葱丝，稍煮一下即可。

当归羊肉煲

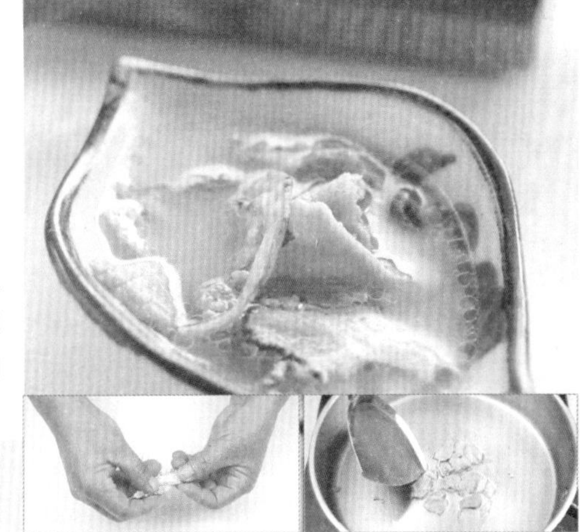

原料：羊肉 100 克，当归 20 克。

调料：油、盐、鸡精、料酒、姜各适量。

做法：❶羊肉洗净，切片，焯去血水；当归洗净，掰开；姜洗净，切片。❷置锅火上，锅中加油烧热，下入姜片爆香，放入当归和羊肉翻炒一下。❸注入适量清水，大火煮沸，加入料酒，中火煮至羊肉熟烂。❹根据自己的口味，加入适量盐和鸡精调味即可。

小贴士：有些人吃不惯羊肉的腥膻味，在煮汤时可以将羊肉焯水的时间延长一些，以去除腥膻味。

香菜羊肉汤

原料：熟羊肉 150 克，白萝卜 500 克，香菜 50 克。

调料：盐、姜、料酒各适量。

做法：❶将羊肉洗净切块后，焯去血水；香菜洗净，切成段；白萝卜洗净，去皮，切块；姜洗净，切片。❷砂锅中加入适量清水，放入羊肉、姜片、料酒，大火烧开后转小火煲 2 小时。❸放入萝卜，继续煮 30 分钟。❹出锅前根据自己的口味，加入适量盐调味，最后撒入香菜即可。

小贴士：可以准备一些葱花、干辣椒碎、蒜末、盐、味精等调料让食用者根据喜好添加调料。

腐竹羊肉煲

原料：羊肉 400 克，干腐竹 50 克，荸荠 100 克，胡萝卜 100 克，蒜苗 10 克。

调料：腐乳 3 块，大蒜、姜、料酒、生抽、盐各适量。

做法：❶羊肉切块焯水；胡萝卜切块；荸荠切成两半；腐竹泡发切成小段；姜切片；蒜去皮，切片；蒜苗切碎。❷置锅火上，加油烧热，下入姜片、蒜片爆香。❸加入羊肉、料酒、腐乳、生抽，炒香。❹加水大火煮开后撇去浮沫，放入荸荠，煮沸后转小火煮 40 分钟。❺加入胡萝卜，煮 10 分钟。❻加入腐竹，再煮 10 分钟。

❼加盐调味，最后撒上蒜苗，关火，加盖焖一下。

胡萝卜山药羊肉煲

原 料：羊腩300克，胡萝卜100克，山药50克，羊骨汤1000毫升。

调 料：姜10克，盐5克，鸡精3克，糖1克，胡椒粉1克。

做 法：

1. 将羊腩洗净，切块，冷水烧开，焯去血水。
2. 胡萝卜洗净，切块；山药洗净，去皮，切块；姜切片待用。
3. 置锅火上，放入羊骨汤、姜片、胡萝卜、山药、羊腩，大火烧开转小火炖45分钟。
4. 加入适量糖、胡椒粉、鸡精调味即可。

小贴士：胡萝卜素属脂溶性物质，只有在油脂中才能被很好地吸收。因此，食用胡萝卜时最好用油类烹调，或同肉类同煨，以保证有效成分被人体吸收利用。

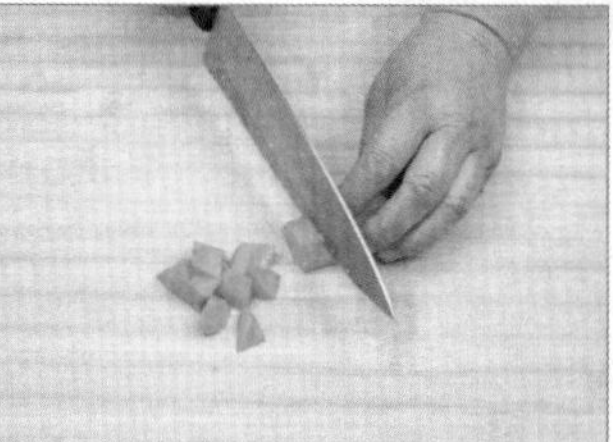

酸菜羊肉煲

原 料：羊肉500克，酸菜200克，胡萝卜适量，蒜苗适量。

调 料：油、盐、辣椒、桂皮、八角、蒜、酱油适量。

做 法：1 羊肉切块，焯去血水；酸菜切片；胡萝卜洗净，切滚刀块；蒜苗择洗净，切末。2 锅中加油，放入辣椒和蒜爆香，加入羊肉翻炒一下，再加入酸菜继续炒出酸味。3 锅中加入适量清水，再加入酱油、八角和桂皮，煮开。4 加入胡萝卜，大火煮沸后转小火，煮至胡萝卜熟透。5 加入适量盐调味，出锅前撒入蒜苗即可。

羊肉冬瓜汤

原料：瘦羊肉100克，冬瓜200克。

调料：香油、酱油、盐、葱、姜、植物油各适量，料酒、鸡精各少许。

做法：❶葱、姜洗净，切成丝；羊肉切成薄片，用酱油、少许盐、鸡精、少许料酒、葱姜丝拌好，腌制一下；冬瓜去皮，洗净，切成片备用。❷锅中倒油烧热，放入冬瓜片略炒。❸锅中加入清水，加盖烧开，放入拌好的羊肉片，煮熟。❹根据自己的口味加入适量盐和鸡精调味，最后淋上香油即可。

枸杞子羊肉汤

原料：枸杞子50克，羊肾100克，羊肉100克，清汤适量。

调料：姜10克，胡椒粒5克，盐5克，鸡精3克，糖1克，胡椒粉1克。

做法：❶将羊肾去臊膜，切块，焯水后洗净。❷羊肉切成小丁，焯水；枸杞子洗净；姜洗净，切片。❸置锅火上，放入清汤、羊肉、羊肾、胡椒粒、姜片，大火煮开后转小火，炖45分钟左右。❹加入枸杞子再煮5分钟，最后加入盐、糖、鸡精、胡椒粉调味即可。

莲藕羊肉汤

原料：羊肉350克，莲藕200克，羊汤150克。

调料：姜片、盐、味精、植物油各适量。

做法：❶将羊肉洗净，煮熟，切1厘米见方的块。❷莲藕洗净，去皮，切片；姜洗净，切片。❸锅置大火上，倒入植物油，烧至五成热时用姜片炝锅。❹倒入羊汤，加入羊肉块与莲藕片，放入适量盐和味精，煮至羊肉软烂即可。

小贴士：羊肉的味道比较腥膻，不喜欢吃羊肉的话，可以改用其他肉类来煮这道汤，再将羊汤换成其他高汤即可。

草菇羊肉丝瓜汤

原料：羊肉200克，丝瓜100克，草菇100克。

调料：姜5克，大葱10克，料酒5克，盐1克，胡椒粉1克，香油少许。

做法：❶ 羊肉洗净，切块，焯水；丝瓜洗净，去皮，切成块；草菇洗净；姜洗净，切片；葱洗净，切段。❷ 置锅火上，加油烧热，下入葱段、姜片爆香，放入羊肉炒至变色。❸ 加入丝瓜略炒，注入适量清水，倒入适量料酒，煮沸。❹ 加入草菇略煮，最后加入适量盐和胡椒粉调味，出锅前淋入香油即可。

清炖羊肉

原料：羊腿500克，土豆200克，青萝卜200克，胡萝卜100克。

调料：葱、姜、香菜、花椒、白胡椒粉、盐各适量。

做法：❶ 羊腿斩件，焯水后洗净。❷ 青萝卜、胡萝卜、土豆去皮后切大块；葱洗净，切段。❸ 姜洗净，切大块，拍碎；香菜洗净，切碎。❹ 将羊腿放入砂锅，加适量的水和花椒炖煮一段时间。❺ 将青萝卜块、胡萝卜块、土豆块、葱、姜放入砂锅，大火煮开后撇去浮沫，转中小火煮1小时以上。❻ 根据口味加入适量盐和白胡椒粉，撒上香菜。

圆白菜肉丝汤

原料：圆白菜200克，猪瘦肉45克，水发粉丝10克，葱、姜各3克。

调料：盐4克，味精2克，香油3克。

做法：❶ 将圆白菜、猪瘦肉分别洗净，切丝；水发粉丝切段备用；葱洗净，切段；姜洗净，切片。❷ 锅上火倒入油，葱段、姜片炒香，放入肉丝煸炒，再下入圆白菜稍炒。❸ 倒入水，下入水发粉丝和盐、味精，煮沸。❹ 食用前淋入香油即可。

小贴士：煲汤时使用的圆白菜不要用刀切，应该用手撕，这样更能保存其营养。

水萝卜煲牛肉

原料：牛肉300克，小水萝卜300克。

调料：八角、花椒、桂皮、葱、姜、盐、白胡椒粉、酱油各适量。

做法：

❶ 牛肉洗净，切成小块，放入开水中焯一下；小水萝卜去掉叶子、削去根须，洗净，切成滚刀块；将八角、桂皮和花椒放入调料盒。

❷ 锅中倒入适量清水，放入牛肉、葱段、姜片和调料盒，大火煮20分钟。

❸ 放入处理好的小水萝卜，大火煮沸后改用小火，煮至牛肉烂熟。

❹ 取出调料盒，加入适量盐、白胡椒粉、酱油调味，稍炖一下即可。

小贴士：水萝卜的叶子经常被人们忽略，其实它们也是可以食用的，煮汤时将水萝卜的叶子留下，洗干净之后凉拌即可食用。

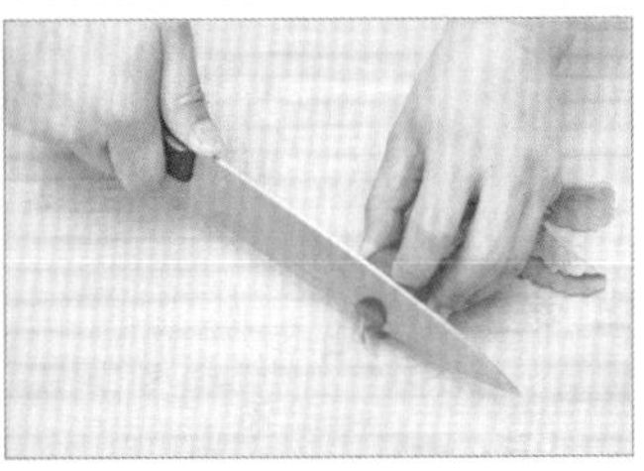

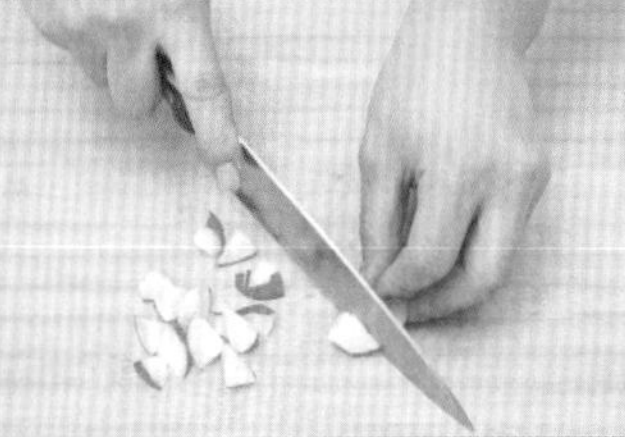

红薯炖羊肉

原料：羊肉300克，红薯300克，洋葱200克，西红柿150克。

调料：橄榄油、盐、大蒜、花生酱、红辣椒粉各适量。

做法：❶ 羊肉洗净，切片；红薯去皮，切片；西红柿去皮，切碎；洋葱去皮，切丁；大蒜切末。❷ 锅中加橄榄油烧热，放入羊肉，煎至表面呈金黄色，盛起备用。❸ 加入洋葱丁、蒜末炒一下，加水煮至洋葱呈金黄色和软烂。❹ 加入碎西红柿、红薯片、花生酱、盐和红辣椒粉，煮沸。❺ 加入煎过的羊肉，煮至所有食材熟透，加盐调味即可。

花生莲藕牛肉煲

原 料：牛肉1000克，莲藕500克，花生50克，枸杞子适量。

调 料：姜、盐、料酒各适量。

做 法：❶牛肉洗净，切块，焯水备用；莲藕去皮，洗净，切成块；花生洗净，泡软；枸杞子洗净；姜洗净，切成片。❷砂锅中注入足量清水，放入牛肉和姜片，大火煮沸，加入少许料酒，再次煮沸。❸放入处理好的莲藕、花生和枸杞子，大火煮沸后转小火煮1个半小时左右。❹根据自己的口味，加入适量盐调味即可。

西红柿牛肉炖油菜

原 料：牛肉200克，西红柿150克，小油菜150克。

调 料：盐10克，料酒5克。

做 法 ❶将牛肉洗净，切成块，汆烫去血水；西红柿、小油菜洗净，切成块。❷将牛肉倒入锅中，加适量清水没过牛肉，大火煮开，撇去浮沫。❸加入料酒，当牛肉炖至八九成烂时，将西红柿、小油菜放入锅中一起炖。❹出锅前加适量盐调味即可。

小贴士：炖煮牛肉时也可加少许鸡精，让汤喝起来更鲜香，如果不喜欢加入鸡精，加入高汤来煮制这道汤味道更好。

红豆胡萝卜牛腩煲

原 料：牛腩1000克，胡萝卜300克，红豆30克。

调 料：姜、盐、鸡精各适量。

做 法：❶红豆放清水中浸泡4小时；牛腩切块，焯水洗净；胡萝卜洗净切块；姜洗净，切片。❷锅中加入焯好的牛腩、姜片、胡萝卜块，注入适量清水，大火煮沸后转小火煮1小时。❸再加入泡好的红豆，小火煮1小时左右，至所有食材熟烂。❹根据口味加入适量盐和鸡精调味。

小贴士：牛腩不易煮透，如果希望煲汤的时间更短一些，也可以将牛腩先用油煸炒一下。

西式牛肉汤

原料：牛肉500克，奶油50克，胡萝卜、土豆各300克，洋葱200克，嫩豆荚50克，枸杞子30克。

调料：面粉、胡椒粉、盐各适量。

做法：❶ 牛肉洗净切块，撒上盐、胡椒粉和面粉拌匀腌制一下；胡萝卜洗净，切块；土豆去皮，切片；嫩豆荚切段；洋葱剥皮，切片。❷ 将奶油熬热，加入牛肉块炒至变色，放入洋葱片一起炒。❸ 锅中加入清水，放入枸杞子，煮开。❹ 依次加入胡萝卜、土豆、嫩豆荚，大火煮开后加盖改小火煮2小时。❺ 放入盐和少许面粉，小火煮15分钟。

南瓜黄豆牛腩煲

原料：牛腩500克，南瓜300克，黄豆30克。

调料：油、盐、鸡精、料酒、姜、蒜各适量。

做法：❶ 黄豆洗净，加水泡好；牛腩切块，焯去血水后洗净；南瓜洗净，切成块；姜洗净，切片；蒜洗净，切成蒜片。❷ 置锅火上，加油烧热，下入姜片、蒜片爆香，下入焯好的牛腩块，炒至变色。❸ 加入南瓜块、泡好的黄豆，倒入少许料酒，注入足量清水，大火煮沸后转小火，煮至所有食材熟烂。❹ 根据自己的口味，加入适量盐和鸡精调味即可。

牛肉煲土豆

原料：牛肉500克，土豆500克。

调料：姜、葱、花椒、八角、肉桂、红辣椒、料酒、酱油、盐、味精各适量。

做法：❶ 牛肉洗净，切块，焯去血水；土豆去皮，切成滚刀块；葱切成段；姜切成片。❷ 牛肉放入压力锅中，加花椒、八角、肉桂、红辣椒、料酒、盐、酱油煮熟，拣出香料，留汤备用。❸ 另换只锅，加油烧热，下入葱段、姜片爆香。❹ 放入牛肉、土豆，倒入炖牛肉的汤和适量清水，大火煮沸后转小火，炖至土豆熟烂。❺ 加入适量盐和酱油调味。

芋头牛肉粉丝煲

原料：牛肉300克，芋头200克，粉丝适量。

调料：油、盐、料酒、葱、姜各适量。

做法：

1. 牛肉洗净，切成块，焯水备用。
2. 芋头洗净，去皮，切成片。
3. 粉丝用水泡软；姜洗净，切片；葱洗净，切成葱花。
4. 置锅火上，加油烧热，下入姜片爆香，放入牛肉块，煸炒至变色。
5. 锅中加入适量清水，大火煮沸，放入芋头片、料酒，煮沸后转小火，煮至牛肉、芋头熟烂。
6. 加入泡好的粉丝略煮，加盐调味，最后撒上葱花即可。

小贴士：如果喜欢吃奶汤香芋，可以在锅中加入适量牛奶一起炖煮。

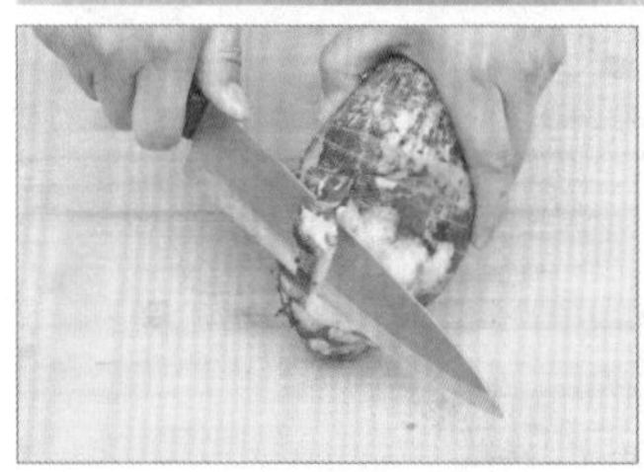

牛肉海带莲藕煲

原料：牛腱肉250克，干海带150克，莲藕200克，干莲子适量。

调料：姜、盐各适量。

做法：①海带、莲子泡软、洗净；莲藕洗净，切厚片；牛肉切块，汆烫去血水；姜洗净，切片。②锅中加入适量清水，煮沸，依次加入牛肉、莲藕、莲子、姜片，大火煮沸后转小火，煮1个半小时左右。③加入海带再煮20分钟，最后加入适量盐调味即可。

小贴士：如果使用的是新鲜莲子和海带，可将牛肉和莲藕先煮1.5小时，再放莲子和海带。

苦瓜排骨汤

原料：排骨 400 克，苦瓜 200 克。

调料：香葱、姜各适量，料酒 1 大匙，盐 2 小匙，味精 1 小匙。

做法：❶ 排骨剁成块，焯水后洗净；苦瓜去籽，洗净，切成厚片；香葱洗净，切段；生姜洗净，切片。❷ 锅中加入适量水，将排骨放入锅中，加入葱段和姜片，倒入料酒，大火煮开再改小火炖 1 小时。❸ 加入苦瓜片，煮 15 分钟左右，煮至苦瓜熟。❹ 根据自己的口味，加入适量盐和味精，稍煮一下即可。

多菌牛蹄筋汤

原料：牛蹄筋 300 克，香菇 100 克，金针菇 100 克，蟹味菇 100 克。

调料：姜、盐、料酒、鸡精各适量。

做法：❶ 将牛蹄筋洗净；香菇洗净去蒂，切成片；金针菇去根，洗净；蟹味菇洗净；姜洗净，切片。❷ 将洗净的牛蹄筋放入高压锅中，加足量水压熟。❸ 将压熟的牛蹄筋和煮牛蹄筋的水一起倒入砂锅中，加入姜片，大火煮沸。❹ 将处理好的香菇、金针菇、蟹味菇放入砂锅中，加入少许料酒，略煮一下。❺ 最后放入适量的盐和鸡精调味即可。

胡萝卜牛骨汤

原料：牛骨头 1500 克，胡萝卜 500 克，香菜适量。

调料：盐、葱、姜各适量。

做法：❶ 牛骨洗净，斩块，焯出血水；胡萝卜洗净，切成块；葱洗净、切段；姜洗净、切片；香菜洗净，切碎。❷ 锅中加入适量冷水，放入牛骨头，大火煮沸后撇去浮沫，改小火加盖炖 2 小时。❸ 放入胡萝卜，大火煮沸后转小火，煮至所有食材熟烂。❹ 根据自己的口味，放入适量盐调味，最后撒上香菜即可。

小贴士：可以在煮汤之前事先将牛骨浸泡在冷水中一段时间，以泡出血水。

苹果煲猪腱

原 料：无花果干 6 枚，苹果 2 个，北杏仁 20 克，淮山 10 克，干桂圆肉 5 克，猪腱 300 克。

调 料：盐适量。

做 法：❶ 猪腱放入沸水中汆去血水，洗净待用；淮山用清水浸泡 30 分钟，洗净；苹果洗净，去核切成 4 瓣；无花果干、北杏仁和干桂圆肉分别用清水冲洗干净。❷ 锅中加入适量清水，大火煮沸后加入所有原料，再次煮沸后转小火煲煮约 2 小时。❸ 放入盐调味即可。

牛肉蛋花汤

原 料：牛肉 200 克，西芹 50 克，西红柿 50 克，鸡蛋 1 个。

调 料：盐、料酒、味精、胡椒粉各少许。

做 法：❶ 牛肉洗净，剁碎备用；西芹洗净，切成小粒；西红柿洗净，切碎；鸡蛋打入碗内，搅散备用。❷ 锅中加入清水煮沸，放入牛肉，大火煮沸后改小火，煮至牛肉熟软。❸ 根据自己的口味，加入盐、味精和胡椒粉调味，放入西芹粒、番茄粒，煮开。❹ 改小火将蛋液缓缓倒入锅中，边倒边搅，最后加入料酒即可。

酸辣牛肚汤

原 料：牛肚 300 克，海米 30 克，清汤适量。

调 料：醋、盐、味精、料酒、胡椒粉、花椒油、植物油、水淀粉、葱白丝、姜丝、香菜各适量。

做 法：❶ 牛肚洗净，切丝，焯水后取出沥水；香菜洗净，切成小段。❷ 锅置大火上，放入植物油烧至五成热，放入葱白丝、姜丝炝锅，倒入醋，炒出香味。❸ 加入适量清汤、海米、盐、味精、料酒、胡椒粉，煮 5 分钟，用汤勺撇去浮沫。❹ 加入牛肚丝煮熟。❺ 用水淀粉勾芡，撒上香菜段，最后淋上花椒油即可。

胡辣全羊汤

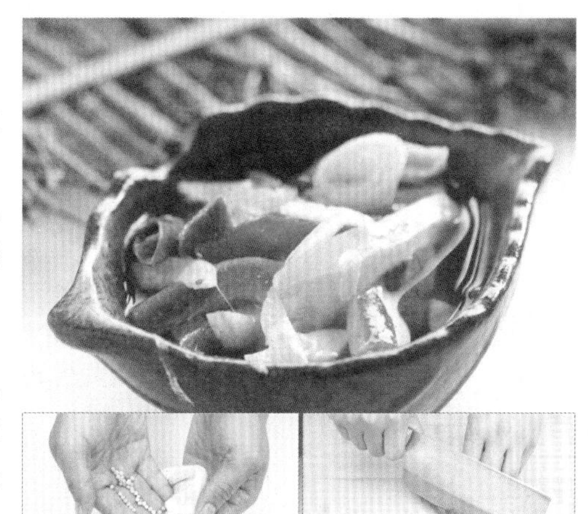

原料：羊肋肉300克，羊心、羊肝、羊肾、羊肚各100克，胡椒50克。

调料：干红辣椒、葱、姜、料酒、清汤、盐各适量。

做法：❶ 羊肋肉、羊心、羊肝、羊肾、羊肚均洗净，焯水，凉凉后切成厚片；胡椒用纱布袋装好；葱洗净，切段；姜洗净，切片。❷ 锅内倒入清汤，放入羊肋肉、羊心、羊肝、羊肾、羊肚和用纱布包好的胡椒，加入干红辣椒、葱段、姜片、料酒，大火烧沸后转小火焖炖1小时。❸ 出锅前加入适量的盐调味，捞出装胡椒的纱布袋。

咖喱土豆牛腩汤

原料：牛腩、土豆各300克，清汤适量。

调料：植物油、葱段、姜片、油咖喱、料酒、盐各适量。

做法：❶ 牛腩洗净，切块，焯水后捞出沥干；土豆去皮，洗净，切成滚刀块备用。❷ 锅内油烧至六成热，放入土豆块，炸成金黄色，出锅沥油。❸ 砂锅中放入适量清汤，大火烧沸后放入牛腩块、葱段、姜片、油咖喱、料酒，大火煮沸后转小火焖煮2小时。❹ 再放入土豆块，大火煮开后转小火，焖煮30分钟左右。❺ 加入适量盐调味。

胡萝卜牛骨煲

原料：牛骨400克，胡萝卜150克，洋葱1个。

调料：植物油、盐、姜片各适量。

做法：❶ 牛骨剁块，放入水中汆烫5分钟，捞出洗净；胡萝卜、洋葱分别去皮，切大块。❷ 锅内加油烧热，放入洋葱块、姜片，炒香。❸ 锅中加入适量清水，煮沸后加入牛骨、胡萝卜块，大火煮沸后转小火，炖煮3小时。❹ 根据自己的口味，加入适量盐调味即可。

小贴士：牛骨中的钙质十分丰富，适合用来煲汤，但要先用冷水焯，以焯出牛骨中的血水。

苦瓜猪肚汤

原料：苦瓜300克，猪肚300克，高汤适量。

调料：红油适量，白砂糖、盐适量，红椒圈、蒜、姜各少许。

做法：

❶ 将猪肚用面粉擦拭，放入清水中两面洗净，下入开水锅中加少许姜片汆烫后捞起，放入冷水中，用刀刮去浮油，切条备用；苦瓜去瓜蒂，剖成两半去瓤，切成长条形备用；大蒜、姜去皮，切片。

❷ 锅中加红油烧热，下入蒜片、肚条略炒。

❸ 锅中倒入适量高汤，加入苦瓜，大火煮沸后改中火，继续煮15分钟。

❹ 根据自己的口味，加入适量白砂糖、盐调味，最后撒上红椒圈即可。

小贴士：苦瓜和猪肚是非常不错的搭配，如果将苦瓜猪肚汤中的猪肚换成熟猪脑，就成为了苦瓜猪脑汤。

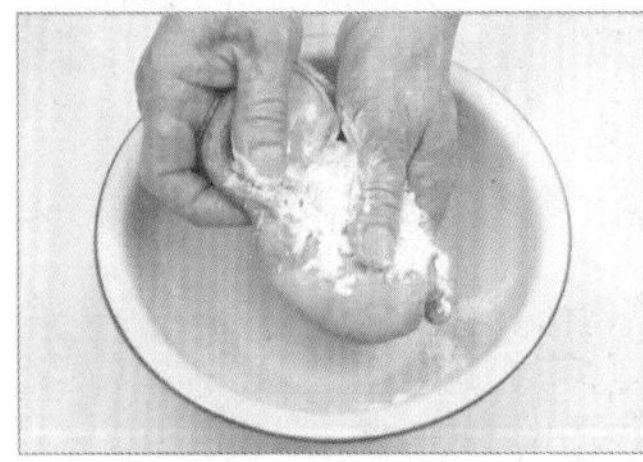

绿豆排骨汤

原料：排骨350克，红枣50克，绿豆50克。

调料：盐5克，鸡精3克，糖1克，姜10克。

做法：❶ 绿豆洗净待用；排骨斩件，焯去血水；姜洗净，切片；红枣洗净。❷ 置锅火上，放入清水，将排骨、绿豆、姜片、红枣依次放入，大火煮沸后转中火，炖煮1小时。❸ 加入盐、糖、鸡精调味即可。

小贴士：绿豆不容易煮熟，如果希望吃到的绿豆更加软烂，可将绿豆洗净后事先浸泡一段时间。

胡萝卜煲牛肉

原料：牛肉400克，胡萝卜300克。

调料：葱、姜、醋、盐、糖、酱油各适量。

做法：❶ 牛肉切块，焯去血水，洗净备用；胡萝卜洗净，切块；葱洗净，切段；姜洗净，切片。❷ 锅中加油烧热，放入葱段、姜片爆锅，然后放入牛肉翻炒，再倒入酱油稍炒一下。❸ 加入适量清水，大火炖煮20分钟。❹ 加入少许醋，放入胡萝卜，大火煮开后转小火，炖煮30分钟。❺ 根据自己的口味，加入适量的盐和糖调味。

小贴士：汆烫牛肉时，其表面变白就可以了。

百合龙骨冬瓜汤

原料：猪龙骨500克，冬瓜250克，百合50克。

调料：小葱、姜、盐、料酒各适量。

做法：❶ 将猪龙骨洗净控干，焯去血水；冬瓜洗净，去皮，切块。❷ 百合择洗干净，掰开备用；小葱洗净，切葱花，姜洗净，切片。❸ 锅中加入足量清水，放入猪龙骨、姜片、料酒，大火烧开后转小火慢炖1小时。❹ 放入冬瓜块继续炖20分钟左右，直到冬瓜软烂为止。❺ 放入百合瓣略煮一下，加入适量盐调味，最后撒上葱花即可。

腐乳羊肉汤

原料：羊排1000克。

调料：葱、姜、豆腐乳、香菜、辣椒油、盐各适量，八角2个，香叶3片，小茴香1汤匙。

做法：❶ 羊排洗净，切成5厘米左右的小块，焯去血水。❷ 葱洗净，切段；姜洗净，切片；香菜洗净，切段；豆腐乳加水，调成糊状。❸ 锅中倒入适量清水，放入羊排，加入葱段、姜片、八角、香叶和小茴香，大火煮开后转小火，继续煮1个半小时。❹ 加入适量盐稍煮一下。❺ 食用之前，根据个人口味加入适量豆腐乳汁、辣椒油和香菜即可。

木瓜排骨炖杏仁汤

原料：木瓜1个，小排骨300克，南杏仁10克。

调料：盐适量。

做法：❶木瓜洗净，去皮、去籽，切成块；排骨切块，焯去血沫后清洗干净；南杏仁清洗干净。❷将焯过的排骨、木瓜块和南杏仁放入炖盅，加入适量水，放入蒸锅内，大火蒸1个小时。❸在炖盅中加入适量盐，放回锅中再蒸10分钟即可。

小贴士：普通的木瓜很容易在汤中煮烂，影响口感，因此煮汤时最好选用外皮青绿、按起来较硬的生木瓜。

莲藕鱿鱼猪蹄汤

原料：莲藕300克，鱿鱼须100克，红枣6颗，猪蹄300克。

调料：盐适量。

做法：❶鱿鱼须洗净，切成段后焯水备用。❷猪蹄煮5分钟，取出洗净沥干。❸莲藕切厚片；红枣去核。❹砂锅中加入适量清水，放入猪蹄、鱿鱼须、莲藕片、红枣，大火煮沸后改小火煮3小时。❺根据自己的口味，加入适量盐调味。

小贴士：食材中的鱿鱼也可以用章鱼替换；注意煮藕时最好不用铁器，避免藕发黑。

猪血汤

原料：猪血2块。

调料：香葱50克，姜、胡椒粉、米酒、盐、花生油各适量。

做法：❶将猪血在盐水中浸泡一段时间后取出切成小块；姜洗净，剁成姜末；葱洗净，切成葱花。❷置锅火上，加油烧热，放入姜末炒香，然后放入猪血块略炒。❸锅中加入适量清水，放入胡椒粉和少许米酒，煮至猪血熟透。❹根据自己的口味，加入适量盐调味，出锅前撒上葱花即可。

红豆炖肉汤

原料：五花肉 300 克，红豆 60 克。

调料：盐适量。

做法：

❶ 五花肉切小块，焯水洗净。

❷ 将红豆洗净，清水浸泡 2 小时。

❸ 将处理好的五花肉和红豆放入锅中，注入足量清水，大火煮沸。

❹ 转小火煮 1 个半小时，煮至红豆熟烂。

❺ 根据自己的口味，加入适量盐调味即可。

小贴士：因为这道汤的炖制时间比较久，在炖制过程中，最好一次性加足水，如果需要中途加水，应该添加开水。

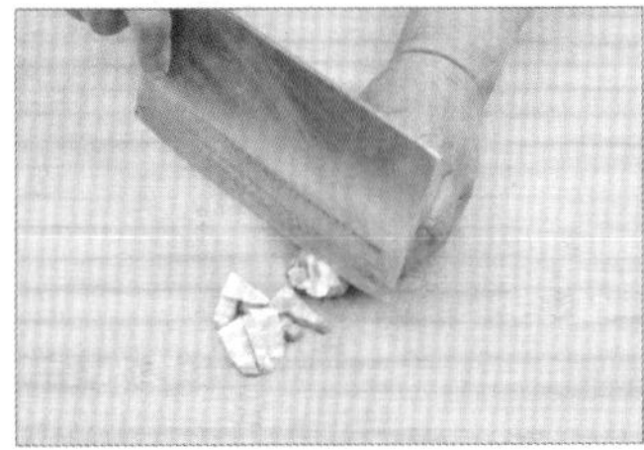

鲜蘑猪肝汤

原料：鲜蘑 100 克，猪肝 100 克，鸡蛋 1 个。

调料：葱、盐各适量。

做法：❶ 鲜蘑洗净，掰成小块；猪肝洗净，切片；鸡蛋打入碗中搅散；葱洗净，切成葱花。❷ 锅中加入适量清水，烧开，放入鲜蘑煮 5 分钟。❸ 再放入猪肝，煮至猪肝变色。❹ 然后将蛋液缓缓倒入锅中，边倒边搅散。❺ 锅中加入适量盐调味，出锅前撒上少许葱花即可。

小贴士：猪肝含有丰富的营养。煮汤时猪肝煮至变色即可，如果煮得过老会影响口感。

花生莲藕牛肉煲

原料：牛肉1000克，莲藕500克，花生50克，枸杞子适量。

调料：姜、盐、料酒各适量。

做法：❶ 牛肉洗净，切块，焯水备用；莲藕去皮，洗净，切成块；花生洗净，泡软；枸杞子洗净；姜洗净，切成片。❷ 砂锅中注入足量清水，放入牛肉和姜片，大火煮沸，加入少许料酒，再次煮沸。❸ 放入处理好的莲藕、花生和枸杞子，大火煮沸后转小火煮1个半小时左右。❹ 根据自己的口味，加入适量盐调味即可。

西红柿牛肉炖油菜

原料：牛肉200克，西红柿150克，小油菜150克。

调料：盐10克，料酒5克。

做法 ❶ 将牛肉洗净，切成块，汆烫去血水；西红柿、小油菜洗净，切成块。❷ 将牛肉倒入锅中，加适量清水没过牛肉，大火煮开，撇去浮沫。❸ 加入料酒，当牛肉炖至八九成烂时，将西红柿、小油菜放入锅中一起炖。❹ 出锅前加适量盐调味即可。

小贴士：炖煮牛肉时也可加少许鸡精，让汤喝起来更鲜香，如果不喜欢加入鸡精，加入高汤来煮制这道汤味道更好。

红豆胡萝卜牛腩煲

原料：牛肉1000克，胡萝卜300克，红豆30克。

调料：姜、盐、鸡精各适量。

做法：❶ 红豆放清水中浸泡4小时；牛腩切块，焯水洗净；胡萝卜洗净切块；姜洗净，切片。❷ 锅中加入焯好的牛腩、姜片、胡萝卜块，注入适量清水，大火煮沸后转小火煮1小时。❸ 再加入泡好的红豆，小火煮1小时左右，至所有食材熟烂。❹ 根据口味加入适量盐和鸡精调味。

小贴士：牛腩不易煮透，如果希望煲汤的时间更短一些，也可以将牛腩先用油煸炒一下。

第4天

煨出鲜香营养禽蛋汤

鸭架豆腐汤

原料：鸭架300克，豆腐250克。

调料：油、盐、味精、葱、胡椒粉、料酒各适量。

做法：

① 将鸭架斩成小块。

② 豆腐洗净，切成块；葱洗净，切成葱花；姜洗净，切片。

③ 置锅火上，锅中加适量油烧热，下入葱花、姜片炒香，锅中下入鸭架炒一下。

④ 锅中注入适量清水，倒入料酒，大火煮沸后撇去浮沫。

⑤ 倒入豆腐块，煮熟。

⑥ 加入适量盐、味精和胡椒粉调味即可。

小贴士：此汤用家中吃烤鸭剩下的鸭骨架即可，做汤时也可不将鸭架斩块，直接放入汤中炖煮。

豆皮炖鸡块

原料：鸡 400 克，豆腐皮 300 克。

调料：葱、姜、白砂糖、酱油、料酒、盐、八角、花生油、香菜各适量。

做法：

1. 鸡斩块洗净，焯去血水。
2. 豆腐皮在水里冲一下，打成结。
3. 葱洗净，切成段；姜洗净，切片；香菜洗净后切碎。
4. 置锅火上，锅中加油烧热，放入葱、姜翻炒出香味。
5. 放入鸡块炒至出油。
6. 锅中加入适量清水，放入八角、酱油、料酒、少许白砂糖，大火煮开后转小火煮 1 个半小时。
7. 放入处理好的豆腐皮，加盖继续煮 30 分钟。
8. 锅中加入适量盐略煮，出锅前撒上香菜即可。

小贴士：如果嫌给豆腐皮打结麻烦的话，也可以不打结，将豆腐皮切成大小合适的块后直接煮汤即可。

香菇瘦肉煲老鸡

原料：鸡1只，瘦肉300克，香菇100克。

调料：葱、姜、盐各适量。

做法：

1 将鸡斩大块，焯水备用。

2 香菇洗净去蒂后切片；葱洗净，切段；姜洗净，切片。

3 瘦肉洗净，切厚片，焯去血水。

4 锅中注入适量清水，加入处理好的鸡块和瘦肉片。

5 放入葱段和姜片，大火煮沸后转小火煲两个小时。

6 锅中加入香菇片煮熟，根据自己的口味，加入适量盐调味即可。

小贴士：有些人不喜欢香菇的味道，在煮制这道煲时可以不放香菇，只用鸡块、瘦肉煲汤。

蟹味菇豆腐炖鸡块

原料：三黄鸡500克，豆腐250克，蟹味菇150克。

调料：油、盐、鸡精、胡椒粉、香油各适量。

做法：

1. 将三黄鸡斩块，焯水之后备用；豆腐切成方块。
2. 蟹味菇洗净，用手撕开。
3. 置锅火上，锅中加入适量油烧热，加入蟹味菇翻炒一下。
4. 加入豆腐块翻炒一下。
5. 另起一锅，锅中注入适量清水，放入焯过水的鸡块，大火煮沸后转小火，煮至鸡肉熟透。
6. 将炒过的蟹味菇和豆腐放入锅中煮熟。
7. 加入适量盐、鸡精和胡椒粉调味。
8. 出锅前淋入香油即可。

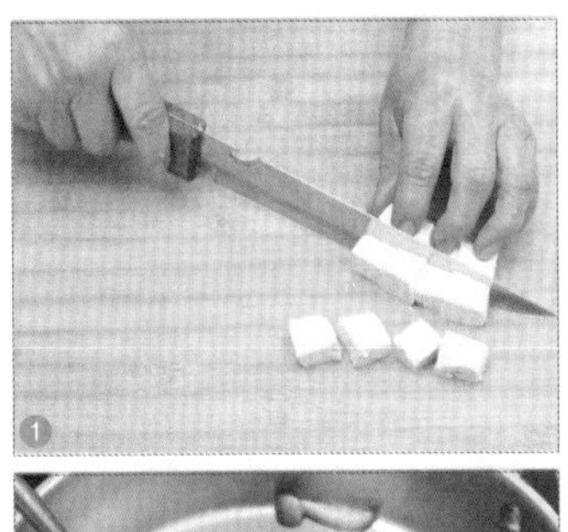

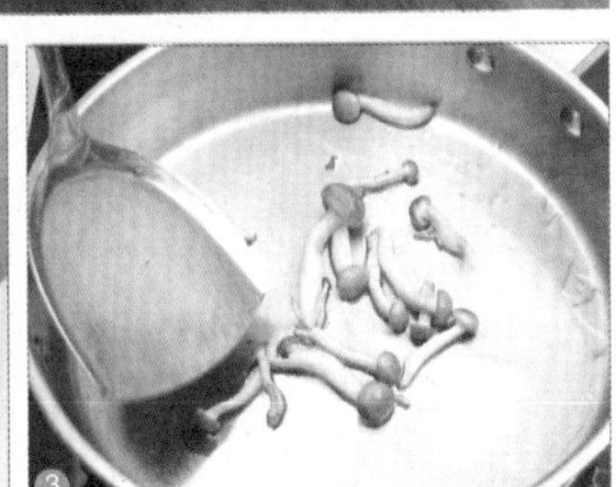

小贴士：如果不喜欢吃鸡肉的话，可以将鸡肉换成鱼片，煮成蟹味菇豆腐鱼片汤，味道同样鲜美，但注意鱼片不要煮过久。

龙骨凤爪养生汤

原 料：猪腔骨600克，淮山15克，莲子10粒，桂圆肉10个，红枣8颗，薏米50克，鸡爪5个。

调 料：姜、盐各适量。

做 法：

① 将莲子、薏米洗净，用清水浸泡一段时间。

② 鸡爪去趾甲洗净，焯水备用；猪腔骨洗净。

③ 山药洗净，去皮，切片；桂圆肉、红枣洗净；姜洗净，切片。

④ 锅中加入足量水，加入洗好的猪腔骨和姜片。

⑤ 大火煮沸后撇去浮沫。

⑥ 加入泡好的薏米、莲子、鸡爪，大火煮沸。

⑦ 放入山药片、桂圆肉和红枣，大火煮沸后再次撇去浮沫。

⑧ 锅上加盖后转小火煮2小时左右，关火前加入适量盐即可。

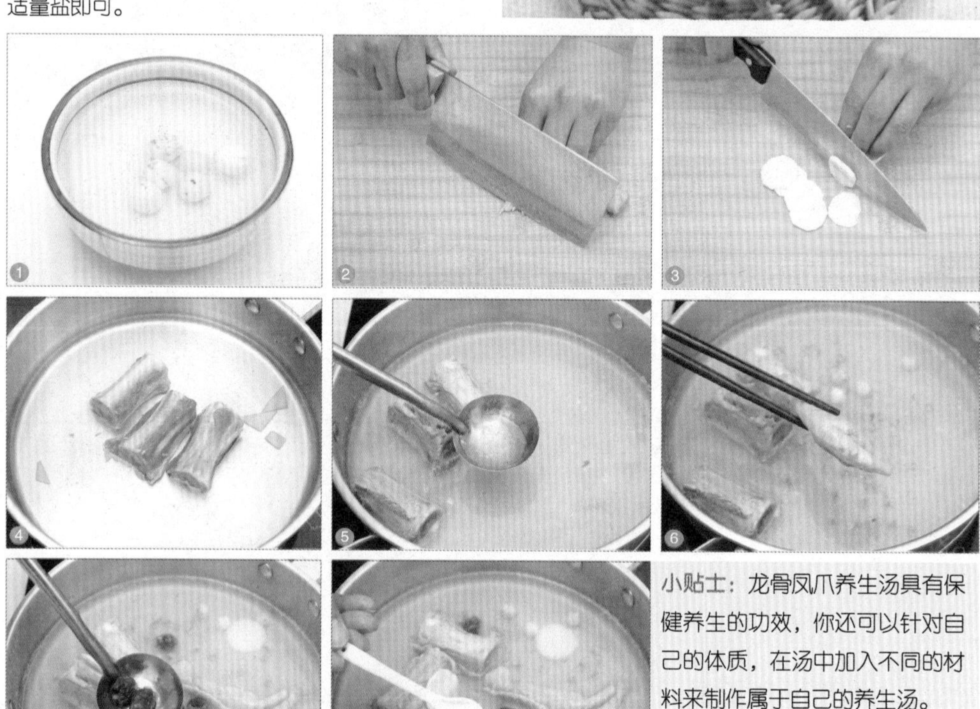

小贴士：龙骨凤爪养生汤具有保健养生的功效，你还可以针对自己的体质，在汤中加入不同的材料来制作属于自己的养生汤。

白菜老鸭汤

原料：老鸭1000克，白菜500克。

调料：姜10克，八角1个，小茴香、盐、胡椒粉各适量。

做法：

❶ 将处理好的老鸭洗净，切块备用。

❷ 白菜洗净，切块；姜洗净，切片。

❸ 锅中加水，放入老鸭块、姜片，煮沸。

❹ 捞出鸭肉备用。

❺ 另起一锅加入鸭肉、八角、小茴香、清水，大火煮沸后改小火，煮至鸭肉软烂。

❻ 加入白菜，大火煮沸，煮至白菜熟烂关火；食用前加盐和胡椒粉调味。

小贴士：制作白菜老鸭汤时，也可以用吃剩下的鸭骨架来炖汤，另外这道汤中的白菜也可以用小白菜或者冬瓜来代替。

老鸭土豆煲

原料：鸭半只，土豆500克。

调料：油、葱、姜、盐、八角、干辣椒、料酒、老抽各适量。

做法：

❶ 土豆洗净，去皮后切成块。

❷ 鸭子洗净，斩块后焯水备用；葱洗净后切段；姜洗净后切片。

❸ 置锅火上，锅中加入适量油烧热，下入葱段、姜片、八角、干辣椒炒香。

❹ 下入焯过水的鸭块煸炒一下。

❺ 倒入老抽和料酒，略炒一下。

❻ 锅中加入适量清水，放入土豆块，大火煮开后转小火，煮至所有食材熟透，再根据自己的口味，加入适量盐调味即可。

小贴士：在煮制老鸭土豆煲这道汤时，因为汤中加入了老抽，如果觉得汤已经够味了的话，可以不加盐。

胡萝卜鸡丸汤

原料：鸡胸脯肉200克，胡萝卜150克，鸡蛋1个。

调料：姜、蒜、香菜、香油、白胡椒粉、盐各适量。

做法：

① 鸡胸脯肉洗净，剁碎；胡萝卜洗净，切片；姜洗净，切末；蒜去皮，切末；香菜洗净，切碎。

② 碗中加入剁好的鸡肉泥、姜末、蒜末、盐、白胡椒粉，搅拌均匀。

③ 肉馅中打一个鸡蛋进去，顺着一个方向搅拌至鸡肉泥上劲。

④ 锅中加适量清水煮开，改成小火，保持锅中水处于微沸状态。

⑤ 用手将鸡肉泥挤成小球，下入锅中。

⑥ 放入胡萝卜片，和鸡肉丸一起煮熟。

⑦ 加入适量盐调味略煮。

⑧ 最后撒上香菜，淋入香油即可。

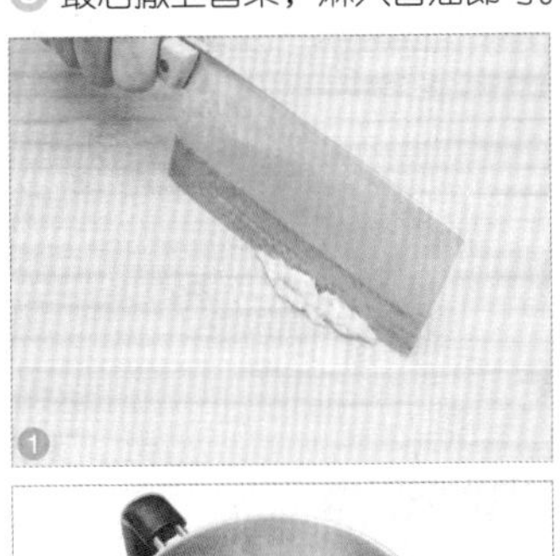

小贴士：制作这道汤时也可将胡萝卜蒸熟、碾压成泥，和入鸡肉馅中一同做成丸子，然后放入汤中煮熟。

鸡茸玉米汤

原 料：鸡胸脯肉100克，鸡蛋2颗，方火腿粒30克，甜玉米1根。

调 料：鸡汤750毫升，白砂糖、黑胡椒、干淀粉、盐、水淀粉、香油各适量。

做 法：

❶ 将鸡胸脯肉去骨剔筋，剁成鸡茸；鸡茸用盐、白砂糖、香油、黑胡椒粒、干淀粉、1颗鸡蛋的蛋白和水拌匀，腌20分钟。

❷ 将沸水缓缓倒入腌好的鸡肉馅中，均匀搅拌成有小颗粒的糊状。

❸ 大火煮沸汤锅中的鸡汤，放入甜玉米粒、盐和黑胡椒粒。

❹ 待再次沸腾后将拌好的鸡肉糊倒入，并且顺时针搅动，再次煮沸。

❺ 边搅动边淋入水淀粉，直至汤汁浓稠。

❻ 关火后，倒入另一颗鸡蛋的蛋白，搅出蛋花，再淋入香油，将汤盛入碗后撒上火腿碎即可。

小贴士：剥玉米粒时先把棒子从中间掰断，然后从中间断处一粒粒剥下来即可。此汤中的甜玉米棒也可以用甜玉米罐头或冻玉米代替。

平菇凤翅汤

原料：鸡翅400克，鲜平菇250克。

调料：香油5克，盐6克，料酒10克，大蒜10克，葱白15克，姜6克。

做法：

1. 鲜平菇洗净，撕小片；鸡翅洗净。
2. 葱白切段；姜洗净，切片；蒜去皮，分成瓣。
3. 平菇放入汤锅内，加水略煮。
4. 将煮好的平菇捞出备用。
5. 鸡翅放入大汤碗内，上面放上煮过的平菇。
6. 把煮菇的鲜汤倒入碗内。
7. 加入料酒、葱段、姜片、蒜瓣、盐及少许清水，上笼蒸1小时左右。
8. 待鸡翅脱骨，淋入香油即可。

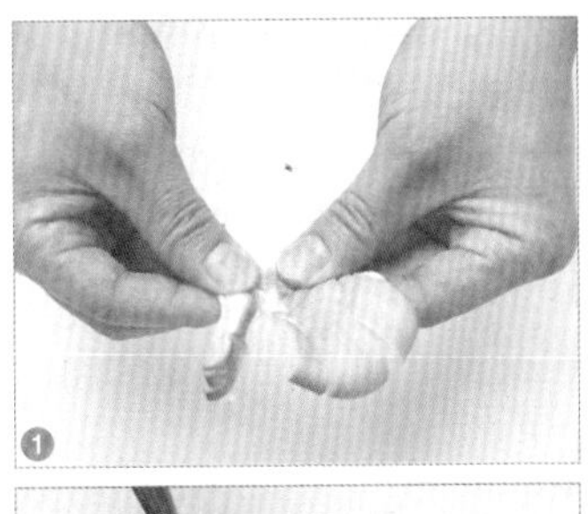

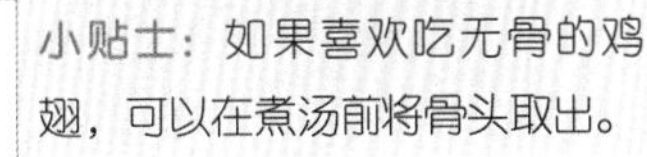

小贴士：如果喜欢吃无骨的鸡翅，可以在煮汤前将骨头取出。

凤爪胡萝卜汤

原 料：鸡爪3只，胡萝卜200克，香菜适量。

调 料：盐适量。

做 法：❶ 鸡爪洗净，剪去趾甲，焯水后备用；胡萝卜洗净，去皮，切片；香菜洗净。❷ 砂锅中加入清水，放入鸡爪煮30分钟。❸ 加入胡萝卜煮20分钟。❹ 最后加入盐和香菜即可。

小贴士：鸡脚焯水的时候，可以等锅中水烧开，加入2滴料酒，这样可以更好地去腥。

猴头菇煲乌鸡

原 料：乌鸡1只，猴头菇2朵。

调 料：葱10克，姜10克，盐适量。

做 法：❶ 剪去猴头菇表面细毛，温水浸泡12个小时以上，洗净，去根；乌鸡去除内脏和头、尾；葱切段；姜切片。❷ 乌鸡放入砂锅中，大火煮沸后，撇去浮沫。❸ 放入猴头菇、葱段和姜片，加盖中火炖2小时左右。❹ 食用前放适量盐调味。

小贴士：猴头菇是中国传统的名贵菜肴，其肉嫩、味香、鲜美可口，煮汤前用剪刀剪去猴头菇表面的细毛，是为了减少其本身带有的苦味。

五指毛桃煲鸡汤

原 料：鸡1只，瘦肉200克，五指毛桃50克，蜜枣5颗，枸杞子10克。

调 料：姜10克，盐适量。

做 法：❶ 将鸡去除内脏，清洗干净，切成大块；瘦肉洗净，切成大块；五指毛桃清水浸泡10分钟，洗净；姜洗净，切片。❷ 锅中倒入清水，大火煮沸，将瘦肉和鸡块焯水。❸ 将鸡块和瘦肉放入另一锅中，加入姜片和足量清水，大火煮沸，撇去浮沫。❹ 放入蜜枣、枸杞子和五指毛桃，加盖，小火煲煮2小时。❺ 食用前加盐调味。

蘑菇炖鸡汤

原料：鸡半只，蘑菇 250 克。

调料：姜 6 克，盐适量。

做法：❶ 将蘑菇清洗干净，撕成条状；将鸡去除头尾和内脏，切成块；姜洗净，切片。❷ 将鸡块、姜片放入砂锅中炖煮一段时间。❸ 将蘑菇加入，煮开后小火再煮 1 个小时左右。❹ 食用前加适量盐调味即可。

小贴士：蘑菇炖鸡汤的味道鲜香，在煲汤时，也可放一块瘦肉（里脊肉），会使汤的口味更浓、更香。

板栗冬菇老鸡煲

原料：栗子 200 克，冬菇 50 克，鸡半只。

调料：姜 10 克，盐适量。

做法：❶ 将冬菇洗净泡软，切成两半；栗子去壳；鸡洗净，去杂质，切成块，焯去血水；姜洗净，切片。❷ 锅里加入 3500 毫升水和姜片烧开，放入栗子、鸡块和冬菇，大火煮 20 分钟，再转小火煮 2 小时。❸ 最后加入适量盐调味即可。

小贴士：将生栗子剥皮十分费劲，可以尝试将栗子煮熟冷却后，放入冰箱内冷冻两小时，可使壳肉分离。

大补鸡块煲

原料：乌鸡 1 只，山药 150 克，红枣 8 颗，当归 15 克，枸杞子 10 克。

调料：姜、盐各适量。

做法：❶ 乌鸡洗净，斩块，焯去血水；山药洗净，去皮，切片；红枣、枸杞子洗净；姜洗净，切片。❷ 锅中加入适量清水，放入乌鸡块和姜片，煮沸后撇去浮沫。❸ 放入山药片、红枣、当归、枸杞子，大火煮沸后转小火 1 小时左右。❹ 根据自己的口味，加入适量盐调味即可。

鸡块百合红枣汤

原料：鸡500克，干百合50克，红枣50克。

调料：葱、姜、盐各适量。

做法：

❶将鸡去除内脏，清洗干净，切块；葱洗净，切段；姜洗净，去皮，切片；干百合放入温水中浸泡。

❷锅中加入适量清水，放入鸡块、葱段、姜片、大火煮开。

❸再加入百合、红枣，转小火煲1小时左右。

❹出锅之前加入适量盐调味即可。

小贴士：鸡臀尖是储存病菌、病毒和致癌物的地方，吃了之后对人体有害，在处理鸡的时候应弃掉不要。

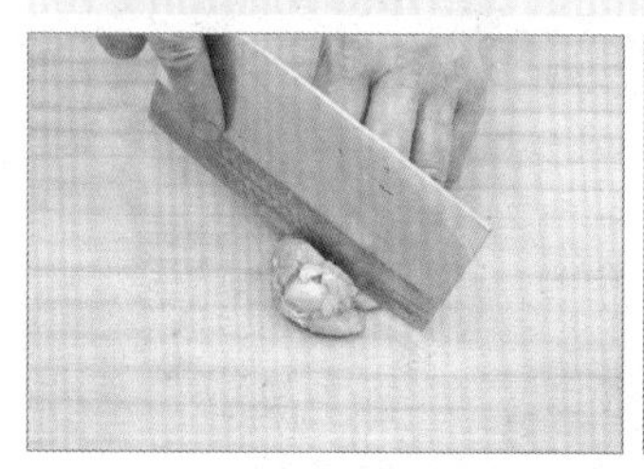

牛蒡红枣煲土鸡

原料：牛蒡1根，土鸡半只，红枣8颗，枸杞子适量。

调料：姜、盐各适量。

做法：❶将收拾好的土鸡洗净；牛蒡去皮，切成块，泡入水中；红枣、枸杞子洗净；姜洗净，切片。❷锅中加水，大火煮沸，放入鸡焯烫至变色后捞出，倒掉锅中的水。❸将焯好的鸡放入砂锅中，一次性倒入足量冷水，大火煮开后改成中小火煮。❹放入姜片、牛蒡、红枣和枸杞子，煲2小时。❺最后加入盐即可。

口蘑柴鸡汤

原料：柴鸡 1000 克，口蘑 100 克。

调料：葱、姜、盐、八角、胡椒粉、料酒、醋各适量。

做法：❶ 鸡洗净，剁小块，焯水后放入砂锅；口蘑洗净，切片；葱洗净，切段；姜洗净，切片。❷ 砂锅中放入葱段、姜片、八角、胡椒粉、料酒、醋，大火煮开，转小火，加盖儿煮 20 分钟。❸ 将口蘑放入锅中，加少许盐，加盖，继续煮 10 分钟左右即可。

小贴士：在煮制此汤时不一定非要口蘑，你可根据自己喜好放其他菌类。

鸡肉丝瓜汤

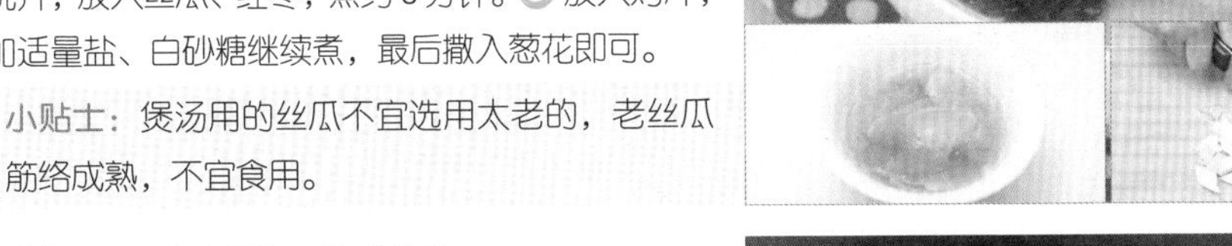

原料：鸡肉 80 克，丝瓜 200 克，红枣 10 颗。

调料：姜 10 克，葱 10 克，植物油 20 克，料酒、盐、白砂糖各适量。

做法：❶ 鸡肉洗净，切片用料酒腌好；丝瓜去皮，切片；红枣洗净，泡水；姜洗净，切片；葱洗净，切成葱花。❷ 热锅下油，下入姜片炝锅，加入清水烧开，放入丝瓜、红枣，煮约 6 分钟。❸ 放入鸡片，加适量盐、白砂糖继续煮，最后撒入葱花即可。

小贴士：煲汤用的丝瓜不宜选用太老的，老丝瓜筋络成熟，不宜食用。

奶瓜香鸡汤

原料：鸡 250 克，牛奶 100 克，木瓜 100 克。

调料：盐、味精、葱、姜各适量。

做法：❶ 将鸡洗净，斩块，焯去血水；木瓜洗净，去皮，去瓤，切片备用。❷ 葱洗净，切段；姜洗净，切片。❸ 锅中倒入牛奶，加入适量清水，放入鸡块和木瓜片，大火煮沸后撇去浮沫。❹ 加入姜片、葱段、盐和味精，煮至所有食材熟透即可。

小贴士：煮奶瓜香鸡汤的过程中注意牛奶不宜煮太久，以免营养流失，如果不喜欢太浓的牛奶味，也可以少放牛奶。

山药胡萝卜炖鸡汤

原料：山药250克，胡萝卜150克，鸡腿1只。

调料：盐适量。

做法：❶ 山药、胡萝卜洗净，去皮，切块；鸡腿剁块，放入沸水汆烫，捞起冲净。❷ 将锅中加入鸡肉、胡萝卜，加水至盖过原料，以大火煮开后转小火慢炖15分钟。❸ 加入山药，大火煮沸，转小火续煮10分钟。❹ 最后加盐调味即成。

小贴士：此汤加入鸡肉主要起到提鲜、增味的作用，不过喜欢吃鸡肉的人也可以多放一些鸡肉在汤中。

玉米煲柴鸡

原料：玉米1根，柴鸡1只。

调料：姜、盐、味精、胡椒粉、料酒各适量。

做法：❶ 鸡洗净，斩块，焯水备用；玉米切段；姜洗净，去皮，切片。❷ 锅中加入适量清水，煮开，放入柴鸡块、玉米段、姜片和料酒，大火煮开后转用小火，煲1小时左右。❸ 根据自己的口味，加入适量盐、味精和胡椒粉调味即可。

小贴士：相比于一般养殖场出产的鸡肉，柴鸡肉所含激素较低，更为健康，注意鸡块煮汤前要将血水焯净，否则会导致汤水浑浊，影响汤的口感。

薏米鸡块煲

原料：土鸡350克，薏米100克，枸杞子5克，香菜少许。

调料：姜10克，盐适量。

做法：❶ 薏米在温水中浸泡2小时；土鸡去除内脏和头尾，洗净，切块，焯水备用；姜洗净，切片；香菜洗净，切碎；枸杞子洗净。❷ 把焯好的鸡块放进砂锅中，一次性倒入足量的清水，大火煮开后，用勺子撇去浮沫。❸ 放入姜片和薏米，然后盖上盖子，小火煲2个小时。❹ 再放枸杞子，继续煮10分钟。❺ 食用之前加适量盐调味，再撒上香菜。

田七乌鸡汤

原料：乌鸡1200克，田七15克，红枣8颗，陈皮适量。

调料：姜2片，盐适量。

做法：

① 将乌鸡的内脏去除，清洗干净，斩成大块；田七放入结实的碗中，用擀面杖砸碎，装入调料包中，用清水隔着调料包清洗一遍；红枣、陈皮洗净备用。

② 把乌鸡放入锅中，倒入清水，大火煮沸后继续煮2分钟，除去血污后捞出，并用清水冲净鸡肉表面的浮沫。

③ 锅中重新倒入清水，放入乌鸡、陈皮、红枣、姜片和装有田七的调料包，大火煮沸后倒入电砂锅炖3小时。

④ 食用前加适量盐调味。

小贴士：此汤具有强心补血、祛瘀止血的功效，其煲炖时间长一点也可以。

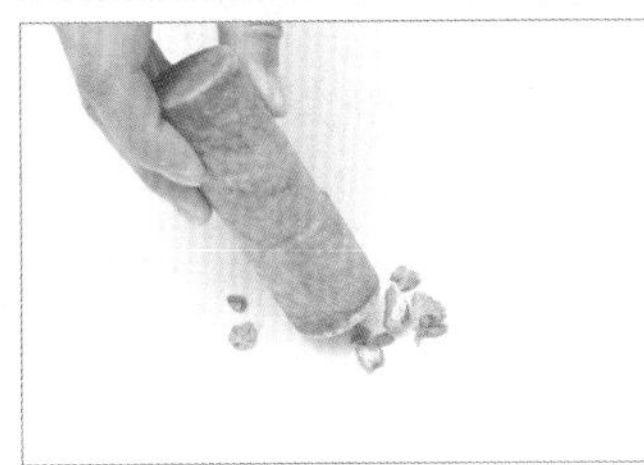

大枣乌鸡煲

原料：乌鸡1000克，红枣10颗，桂圆10克，枸杞子25克，陈皮2克。

调料：姜5克，盐适量。

做法：① 乌鸡处理干净，焯水洗净；红枣洗净，去核；姜洗净，切片；桂圆、枸杞子洗净。② 锅中加水适量煮沸，将乌鸡、红枣、桂圆、枸杞子、陈皮、姜片加入锅中煮开，改小火煲3小时。③ 根据自己的口味，加入适量盐调味即可。

小贴士：此煲可用于产后恢复调理、贫血调理、延缓衰老调理、骨质疏松调理、气血双补调理等。

豌豆鸡丝汤

原料：鸡肉（熟）500克，豌豆100克。

调料：盐适量，鸡清汤2500毫升。

做法：❶ 将熟鸡肉剔去鸡骨，切成细丝。❷ 将2500毫升鸡清汤倒入锅中，大火煮沸。❸ 将豌豆100克加入煮沸的鸡汤中，大火再煮10分钟。❹ 将盐加入鸡汤调味。❺ 将鸡丝和煮熟的豌豆装入准备好的容器中，盛入调好口味的汤，即可食用。

小贴士：可以直接购买熟的鸡丝或者买生鸡肉自己蒸熟，煮汤过程中因为鸡丝已经是熟制过的，只要用汤烫一下就可以食用。

豆花老鸡汤

原料：熟鸡肉100克，石磨豆花500克，青菜50克。

调料：姜、盐、胡椒粉、鸡汤各适量。

做法：❶ 熟鸡肉撕成丝；青菜洗净，焯水后切丝；姜洗净，切成丝。❷ 锅中加入鸡汤，倒入石磨豆花，加入盐、胡椒粉和姜丝，大火煮沸后转小火，煮15分钟左右。❸ 将撕好的熟鸡丝和青菜丝放入豆花汤中，稍煮一下即可。

小贴士：制作这道汤的时候，也可将撕好的熟鸡丝和焯好的青菜丝预先摆入事先准备好的容器当中，再将煮滚的豆花汤浇在上面。

乌鸡白凤汤

原料：乌骨鸡1000克，白凤尾菇50克。

调料：黄酒10克，葱、姜、味精各5克，盐适量。

做法：❶ 新鲜乌鸡宰杀后，煺毛，除去内脏，洗净；白凤尾菇洗净。❷ 清水加姜片煮沸，放入乌鸡，加上黄酒、葱，用小火焖煮至肉烂脱骨。❸ 将白尾凤菇放入汤中煮熟。❹ 加入味精和盐调味后沸煮3分钟即可。

小贴士：乌鸡的营养价值要高于普通鸡，吃起来的口感也非常细嫩，在收拾乌鸡时要记得去掉它的嘴尖及脚上硬皮。

乌鸡天麻煲

原 料：乌鸡半只，天麻50克，红枣10颗，枸杞子10克。

调 料：白胡椒粉、盐各适量，姜10克。

做 法：❶ 天麻用温水泡24小时，泡软后切片；乌鸡洗净，切成大块，汆水；姜洗净，切片；红枣、枸杞子洗净。❷ 砂锅加入适量冷水，放入姜片、天麻片、红枣、乌鸡，大火烧开，煮10分钟，再转小火炖一个半小时。❸ 加入枸杞子、白胡椒粉、盐，再炖20分钟即可。

益气母鸡汤

原 料：母鸡1只，黄芪30克，姜6克，清水2500毫升。

调 料：料酒、盐各适量。

做 法：❶ 母鸡宰杀洗净，去脏杂、尾部，切块；黄芪洗净，稍浸泡；姜洗净，切片。❷ 鸡块焯水放入砂锅，加入黄芪、姜片、少许料酒以及2500毫升清水，大火煮沸后改小火煲约2小时。❸ 加入适量盐即可食用。

小贴士：注意煮汤时要用小火来炖，最适宜贫血患者及孕妇、产妇和消化力弱的人补养。

花生凤爪汤

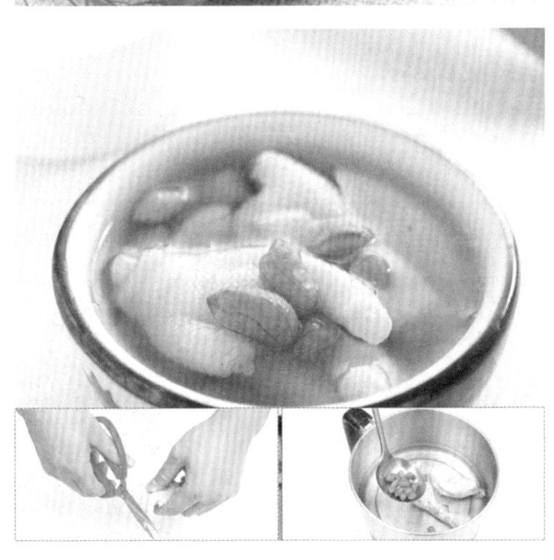

原 料：鸡脚200克，花生50克。

调 料：料酒5克，盐3克，姜5克，味精1克，鸡油适量。

做 法：❶ 将鸡脚剪去爪尖，清水洗净，焯水；将花生放入温水中浸泡半小时后，换清水洗净；姜洗净，切片。❷ 锅内加入适量清水，置于火上，大火煮沸。❸ 将鸡脚、花生、料酒、姜片放入锅中，小火煮2小时。❹ 加盐、味精调味，淋上鸡油，即可食用。

核桃炖鸡

原 料：鸡600克，核桃50克，益智仁20克，山药（干）25克，姜3克。

调 料：盐适量。

做 法：

❶ 鸡收拾干净，放入滚水中，煮3分钟，捞出洗净，锅中水倒掉。

❷ 姜洗净，切片。

❸ 将鸡、核桃肉、山药、益智仁、姜放入锅中，加入适量水，大火煮开后小火炖煮1个小时。

❹ 食用前根据自己的口味加入适量盐调味即可。

小贴士：鸡皮含皮下脂肪及皮脂较多，如果不喜欢煮出的汤过于油腻的话，可以在焯水之后将鸡的外皮撕去。

冬瓜乌鸡汤

原 料：乌鸡1000克，冬瓜750克，火腿30克。

调 料：盐适量。

做 法：❶ 乌鸡洗净，去内脏，切成块，焯水备用；冬瓜去瓤，连皮切大块；火腿切块。❷ 锅中加适量清水，将乌鸡块、冬瓜块、火腿块放入，大火煲开后再改小火煲1个小时。❸ 根据自己口味加入适量盐调味。

小贴士：肉雪白瓜身重的是品质比较好的冬瓜，已经切开的冬瓜最好尽早吃完，避免变质。

胡萝卜煲鸡块

原料：鸡肉250克，胡萝卜200克。

调料：姜、蒜、香菜、盐、生抽、糖各适量。

做法：❶ 姜洗净，切片；蒜剥皮，切片。❷ 鸡肉洗净，切成块，加盐、姜片、蒜片、生抽、糖腌15分钟；胡萝卜洗净，切成厚片备用；香菜洗净，切成末。❸ 锅中加油热锅，倒入鸡块翻炒一会儿。❹ 倒入胡萝卜片一起翻炒10分钟。❺ 加入少量水，加盖焖煮45分钟。❻ 出锅前加入盐和香菜末即可。

小贴士：鸡肉不但适合热炒、炖汤，也适合冷食、凉拌，煮此汤时可根据喜好加入其他食材。

香菇冬笋煲小鸡

原料：鸡650克，冬笋150克，鲜香菇40克。

调料：大蒜8克，姜5克，味精2克，盐4克，白砂糖3克，料酒、水淀粉各适量。

做法：❶ 冬笋剥皮，切开，放入沸水内滚十分钟，浸凉后切片待用；香菇洗净，去蒂；将处理干净的鸡洗净，切块，加料酒，焯水；蒜剥皮，切片；姜洗净，切片；淀粉调成水淀粉。❷ 烧热油锅，下姜片、蒜片爆香，再加入笋肉、鸡块一同爆炒。❸ 锅中加入清水，加味精、盐、白砂糖调味。❹ 加入香菇煮20分钟，加少许水淀粉煮开。

黄瓜鸭汤

原料：老鸭1000克，老黄瓜500克，红枣10颗。

调料：油、盐各适量

做法：❶ 鸭清洗干净，去皮、去内脏，入热油锅中煎至焦黄色。❷ 老黄瓜连皮洗净，纵向切开，去籽，切长段；红枣洗净，去核。❸ 锅中加入清水煮沸，将老黄瓜、鸭和红枣放入锅中，以中火煲3小时。❹ 最后根据个人口味加入适量盐来调味。

小贴士：老黄瓜是一种很适合用来做汤的食材，在购买时要挑选粗壮、皮色金黄的为宜，使用时削去头尾，才无苦味。

栗子花生鸡爪汤

原 料：鸡爪200克，猪骨150克，花生50克，板栗（带皮）100克。

调 料：姜10克，白胡椒粉、盐各适量。

做 法：❶将花生用温水泡20分钟，洗净，沥干水分；板栗去皮；新鲜鸡爪剪去指甲，与猪骨一起放入锅中焯水，取出后用温水洗净；生姜去皮，切片。❷砂锅中加入适量水，放入鸡爪、猪骨、花生、姜片，大火煮开后转小火煮1个半小时。❸加入板栗继续煮30分钟。❹最后调入少许白胡椒粉和盐即可。

白菜鸭杂汤

原 料：鸭脖、鸭腿等碎货共1000克，白菜500克，高汤2500毫升。

调 料：葱、香菜、盐、胡椒粉各适量。

做 法：❶白菜洗净，切块备用；葱洗净，切成末。❷热锅倒一点油，下葱末爆香，再倒入白菜翻炒至变色、变软。❸加高汤煮沸，倒入鸭腿、鸭脖等碎货，再加入适量盐和胡椒粉。❹大火煮沸后转小火煮一个半小时。❺出锅的时候撒上些香菜即可。

冬瓜薏米煲老鸭

原 料：老鸭1000克，冬瓜200克，薏米100克，枸杞子10克。

调 料：姜、葱、白胡椒、盐各适量。

做 法：❶将薏米加水浸泡8小时；老鸭收拾干净，切成块，焯水备用；冬瓜洗净，去皮、去瓤，切厚片；葱洗净，切段；姜洗净，切片；枸杞子洗净。❷将鸭块放入锅中，加入葱段、姜片、白胡椒大火烧开，去沫。❸下入薏米、枸杞子，小火煲约2小时至熟透。❹锅中下入冬瓜，改大火滚5分。❺加入适量盐调味即可。

芋头鸭煲

原料：鸭600克，芋头1/2个，椰奶100毫升。

调料：姜20克，油、盐适量。

做法：❶ 将处理干净的鸭洗净，切成小块，放入滚水汆烫2分钟后捞出备用；芋头去皮，洗净，切滚刀块备用。❷ 锅内热油，将芋头以小火炸至表面酥脆，5分钟后捞出，沥干油分备用。❸ 热锅加适量油，放入姜片、鸭肉用中火略炒。❹ 将炸好的芋头、炒好的鸭肉、清水、椰奶和适量盐放入锅中，大火煮开再改小火煮至一段时间，出锅前捞出浮油及姜片即可。

山药老鸭煲

原料：老鸭1000克，山药500克，桂圆肉10克，枸杞子15克，益智仁15克。

调料：姜、盐各适量。

做法：❶ 老鸭洗净，除去内脏；山药洗净，去皮，切片，放入清水中备用；桂圆肉、枸杞子、益智仁洗净；姜洗净，切片。❷ 锅中加入适量水，放入老鸭、姜片、山药片、桂圆肉、枸杞子和益智仁，大火煮沸后转小火煲，至鸭肉熟烂。❸ 根据自己的口味，加入适量盐调味即可。

酸萝卜老鸭煲

原料：鸭子600克，白萝卜100克，酸萝卜50克。

调料：白砂糖15克，白胡椒10克，葱5克，姜10克，料酒、盐各适量。

做法：❶ 鸭子洗净后切成块；酸萝卜用温水洗一下备用；葱切段；姜切片。❷ 汤锅中加入清水，放入鸭子、葱段、一半的姜片，倒入料酒，大火烧开出现浮沫后将鸭肉捞出洗净。❸ 将鸭肉放入砂锅中，水量没过鸭肉大约4厘米处，用大火烧开。❹ 放入剩余的姜片、酸萝卜，小火加盖炖约40分钟，加入盐、白砂糖、白胡椒调味即可。

全鸡清汤

原料：去胸脯肉的鸡架1具，木耳15克。

调料：盐5克，味精5克，料酒10克，姜10克，葱10克。

做法：

1. 木耳泡发，洗净，去蒂；鸡架洗净待用；姜切块，葱切段。
2. 砂锅放入鸡架，加入适量凉水，水要没过鸡架。
3. 砂锅烧开后，撇去浮沫，再加入木耳、姜块、葱段、料酒，待汤烧开，用小火再煮约1小时。
4. 放入盐、味精调味，再用旺火煮一会儿即成。

小贴士：炖全鸡清汤的时候最好选择一个大一点儿的砂锅，这道汤主要是炖出清淡的鸡汤，你也可以在汤中加一些菌类同煮。

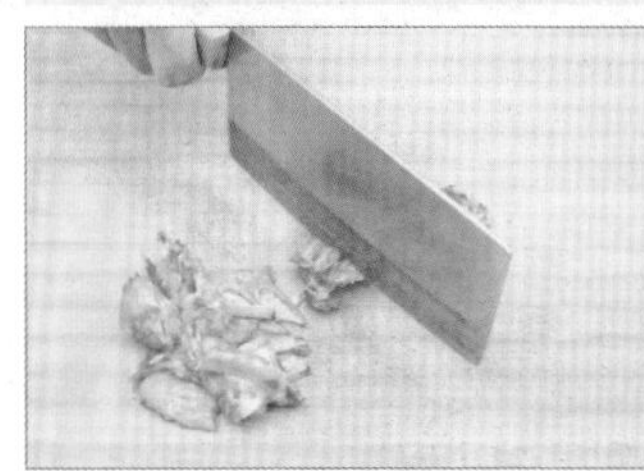

红枣薏米鸭胸汤

原料：鸭胸肉150克，薏米100克，红枣10颗。

调料：盐、葱各适量。

做法：1 将薏米洗净，在清水中浸泡一段时间；鸭胸肉洗净，切成片；红枣洗净后浸泡在开水中备用；葱洗净，切成葱花。2 锅中加入适量清水，放入处理好的鸭胸肉和泡好的薏米和红枣，大火煮沸后撇去浮沫，转小火煮至所有食材熟透。3 根据自己的口味，加入适量盐调味，稍煮一下，最后撒上葱花即可。

白萝卜玉米老鸭煲

原 料：鸭肉 500 克，玉米 1 根，白萝卜、枸杞子各适量。

调 料：葱、姜、盐各适量。

做 法：❶ 鸭肉洗净，切块；玉米洗净，切段；白萝卜洗净，切小块；葱白切段，葱叶切葱花；姜切片。❷ 锅内放冷水，放入鸭肉、一半姜片，焯一下鸭肉，捞出冲洗干净。❸ 玉米、剩余姜片、葱白放入电饭煲，加水炖煮。❹ 煮至水剩下 2/3 时，将葱白捞出，放入白萝卜和适量盐，继续煮至白萝卜熟透。❺ 加枸杞子煮一会儿，出锅前撒上少许葱花。

莲子煨老鸭

原 料：老鸭 1 只，莲子 30 克，茶树菇 50 克，枸杞子 5 克。

调 料：盐、味精各适量。

做 法：❶ 老鸭洗净，剁成大块，焯去血水后备用；莲子洗净，泡软后去掉莲子心；茶树菇去根，洗净；枸杞子洗净。❷ 锅中加入适量清水，放入鸭肉块、莲子，煮沸。❸ 然后放入茶树菇和枸杞子，大火煮沸后转小火，煮至所有食材熟透。❹ 根据自己的口味，加入适量盐和味精调味即可。

老鸭莴笋枸杞子煲

原 料：老鸭肉 150 克，莴笋 250 克，枸杞子 10 克。

调 料：葱、姜、蒜、盐、胡椒粉各适量。

做 法：❶ 莴笋去皮，洗净，切成块；老鸭洗净，斩块，焯水备用；枸杞子洗净；葱洗净，切段；姜洗净，切片；蒜去皮，切片。❷ 锅中加入适量清水，放入葱段、姜片、蒜片、鸭肉，大火煮沸后撇去浮沫。❸ 锅中加入莴笋块和枸杞子，大火煮沸后转小火，煮至所有食材熟透。❹ 根据自己的口味，加入适量盐和胡椒粉调味即可。

良姜煲鸭汤

原料：鸭子 1 只，良姜 50 克，枸杞子 20 克。

调料：盐、味精各适量。

做法：❶将鸭子洗净，斩块后焯水备用；良姜洗净，切片；枸杞子洗净。❷砂锅中注入适量清水，加入鸭块，大火煮沸后撇去浮沫。❸再放入良姜和枸杞子，大火煮沸后转小火，煲至鸭肉熟透。❹根据自己的口味，加入适量盐和味精调味即可。

小贴士：煮鸭汤的时候不宜一直用大火煮，否则会导致汤色浑浊，影响口感；如果市场买不到良姜的话，可以去药店购买。

板栗炖仔鸡

原料：鸡 500 克，板栗 200 克。

调料：盐适量。

做法：❶鸡洗净，斩成小块；板栗去壳。❷锅内放冷水适量，放入鸡块，大火煮开、焯烫，捞出备用。❸把鸡块放在砂锅里，加适量水，大火烧开，用勺子撇去浮沫，转小火再煮半小时。❹放入板栗炖 2 小时。❺最后加盐调味即可。

小贴士：选板栗的时候一定要选个大饱满的，这样的板栗煲出来的汤才甜。

冬笋炖鸭块

原料：老鸭 500 克，冬笋 400 克。

调料：姜、葱、盐、鸡精、胡椒粉各适量。

做法：❶老鸭洗净，剁成小块；冬笋去皮，切成块；姜洗净，切片；葱洗净，切成葱花。❷锅内倒入清水加热，水开后把鸭块放入，焯水后捞出。❸将鸭块、冬笋块、姜片放入砂锅中，倒入清水，大火煮开后改小火煲 2 小时左右。❹出锅前加入适量盐、鸡精、胡椒粉调味，最后撒上葱花即可。

小贴士：此汤中清水与鸭肉的比例大约是 2 : 1，如果想多喝点汤的话，可再加增加到 3 : 1。

绿豆老鸭汤

原 料：老鸭1000克，绿豆50克，薏仁40克，陈皮2片。

调 料：盐适量。

做 法：

❶ 将老鸭切半，去内脏，切掉鸭尾，洗净，焯水。

❷ 绿豆、薏仁、陈皮洗净，浸水。

❸ 锅中加入清水煮沸，放入老鸭、绿豆、薏仁、陈皮，大火煮20分钟，再改用小火熬煮2小时左右。

❹ 最后根据自己的口味加入适量的盐来调味。

小贴士：绿豆老鸭汤有消暑清热、健脾益脏、美容养颜的功效，做汤时为减少炖煮的时间，最好将绿豆和薏仁事先用清水多浸泡一段时间。

冬瓜山药炖鸭

原 料：鸭子500克，山药100克，冬瓜100克，枸杞子适量。

调 料：葱、姜、料酒、盐、味精各适量。

做 法：❶ 将鸭子洗净，斩块，焯水后沥干；山药、冬瓜分别洗净，去皮后切成片；枸杞子洗净；葱洗净，切成葱花；姜洗净，切片。❷ 锅中加入适量清水，放入姜片，加入鸭肉，大火煮沸后撇去浮沫。❸ 再倒入少许料酒，放入山药片、冬瓜片和枸杞子，大火煮沸后转小火，煮至鸭肉熟透。❹ 加入适量盐和味精调味，最后撒上葱花即可。

四珍煲老鸭

原 料：鸭子1000克，莲子30克，红枣12颗，白果10克，枸杞子5克。

调 料：葱、姜、盐、味精、料酒各适量。

做 法：❶ 鸭子洗净，斩大块，焯水后沥干；红枣、白果、莲子分别洗净，在清水中浸泡一段时间；枸杞子洗净；葱洗净，切段；姜洗净，切片。❷ 锅中加入适量清水，放入鸭块、葱段、姜片、料酒，大火煮沸后撇去浮沫，转小火将鸭肉煮至八分熟。❸ 放入泡好的莲子、红枣、白果和枸杞子，煮至所有食材熟透。❹ 加入适量盐和味精调味即可。

鸭子炖黄豆

原 料：鸭子400克，黄豆40克。

调 料：盐适量。

做 法：❶ 黄豆洗净，在清水中浸泡一段时间；鸭子洗净，斩块后焯去血水备用。❷ 锅中加入适量清水，放入处理好的鸭块和泡好的黄豆，大火煮沸后撇去浮沫，转小火煮至食材熟烂。❸ 根据自己的口味，加入适量盐调味即可。

小贴士：此道汤中的黄豆也可以换成绿豆或者红豆，或者用几种豆子一起来炖鸭汤，制作方法与此道汤相同。

火腿圆白菜鸭块煲

原 料：鸭肉300克，火腿40克，圆白菜30克。

调 料：盐适量。

做 法：❶ 鸭肉洗净，斩块后焯去血水备用；火腿切块；圆白菜洗净后切成块。❷ 锅中注入适量清水，加入处理好的鸭肉和火腿，大火煮沸后转小火煲至将熟。❸ 将切好的圆白菜块放入锅中，煮至所有食材都熟透。❹ 根据自己的口味，加入适量盐调味即可。

小贴士：如果喜欢吃比较辣的口味，也可以在先用干辣椒和姜片将鸭肉煸炒一下，再一起煲汤。

竹笋鸭肠玉米汤

原料：鸭肠 150 克，竹笋 70 克，玉米粒 30 克。

调料：盐、酱油、葱、姜各适量。

做法：❶ 将鸭肠洗净后切段；竹笋洗净后切段；玉米粒洗净；葱洗净，切成段；姜洗净，切片。❷ 置锅火上，加适量油烧热，下入姜片和葱段爆香，下入鸭肠煸炒一下，加入酱油略炒。❸ 锅中加入适量清水，加入竹笋段和玉米粒，煮至所有食材熟透。❹ 根据自己的口味，加入适量盐调味即可。

小贴士：鸭肠要挑选较厚、颜色较鲜艳的，清洗鸭肠时要将其内外都清洗干净。

天麻炖乳鸽

原料：乳鸽 250 克，天麻 15 克，清汤适量。

调料：盐 5 克，料酒 15 克，味精 2 克，胡椒 2 克。

做法：❶ 将乳鸽煺毛放血，热水去毛、内脏、足爪，剁块，再焯去血水；天麻用温水洗净后切片。❷ 把鸽块放盅内，天麻片放鸽上，掺入清汤，加入所有调料，用牛皮纸蒙口。❸ 上笼大火蒸 1 小时，再用中火蒸至鸽软，即可食用。

小贴士：天麻炖乳鸽具有安神补脑、益气补血的功效，在做汤前，也可以把天麻放于米饭上蒸，使其吸收米液精华，然后再切片。

茶树菇炖乳鸽

原料：乳鸽 1 只，茶树菇 200 克。

调料：姜、料酒、盐各适量。

做法：❶ 乳鸽宰杀，去毛、内脏，洗净，焯水备用；茶树菇择洗干净；姜洗净，切片。❷ 将焯好的乳鸽和洗好的茶树菇放入锅中，加入适量清水和姜片，大火煮沸。❸ 加入适量料酒，转小火煮 2 小时左右。❹ 根据自己的口味，加入适量盐调味即可。

小贴士：如果没时间看火的话，也可将鸽汤煮沸后倒入电炖锅中煲；这道汤也可将乳鸽换成鸭子。

红豆花生乳鸽汤

原料：乳鸽250克，红豆50克，花生50克，桂圆肉30克。

调料：盐适量。

做法：❶乳鸽宰杀后去毛、内脏，洗净后剁块，入烧沸的水中汆烫，去除血水；红豆、花生、桂圆肉洗净，浸泡一段时间。❷将适量清水加入锅内，煮开，加入乳鸽、红豆、花生和桂圆肉，大火煮开后改用小火煲1小时。❸最后依据个人口味，加适量盐调味，即可食用。

小贴士：这道汤的补血效果很好。

花胶虫草煲乳鸽

原料：乳鸽1只，花胶30克，冬虫夏草12克。

调料：黄酒、盐、味精、姜各适量。

做法：❶乳鸽宰杀，去毛、内脏洗净，焯水备用；冬虫夏草洗净；生姜切片；花胶浸发，切丝洗净。❷把乳鸽、冬虫夏草、花胶与姜片一起放入炖钵内，加适量开水，少许黄酒，加盖用文火隔水炖3小时，至鸽肉熟烂。❸最后根据个人口味，适量加入盐、味精调味即可。

小贴士：冬虫夏草是一种珍贵的食材，具有调节免疫系统和抗疲劳等功效。

鹌鹑西瓜皮煲

原料：西瓜皮200克，鹌鹑150克。

调料：葱、姜、盐、清汤各适量。

做法：❶西瓜皮洗净，除去硬皮及瓜瓤，切成片；鹌鹑洗净，切块备用；葱洗净，切段；姜洗净，切片。❷置锅火上，锅中注入适量清汤，放入鹌鹑块和处理好的西瓜皮，加入葱段和姜片，大火煮沸后转小火，煮至所有食材熟透。❸根据自己的口味，加入适量盐调味即可。

小贴士：在这道汤的过程中，处理西瓜皮时一定要将红色的西瓜瓤除净，否则会影响汤的口感。

养生鸽子煲

原料：鸽子200克，红枣5颗，枸杞子20粒，桂圆10粒，北芪5克，党参5克，银耳20克。

调料：盐适量。

做法：

1. 鸽子杀好，洗净去内脏，剁成块，焯水；红枣、枸杞子、桂圆肉、北芪、党参洗净。
2. 银耳泡发洗净，去除根带，撕成小朵。
3. 将鸽子和红枣、枸杞子、桂圆肉、北芪、党参、银耳一起放入炖盅，加适量水。
4. 高压锅中放入水，然后放入炖盅。
5. 大火烧开后中小火炖30分钟，加盐调味即可。

小贴士：隔水炖出的汤质地清澈、汤汁鲜美。做汤过程中需注意的是，炖盅在高压锅中不要炖制太久。

鹌鹑煲海带

原料：鹌鹑2只，海带300克。

调料：姜、葱、盐、香油、料酒、油、鸡汤各适量。

做法：❶ 先将鹌鹑宰杀，去毛及内脏，斩成大块后焯去血水备用；海带洗净后切成细丝，焯水；葱洗净，切段；姜洗净，切片。❷ 置锅火上，锅中加入适量油烧至六成热，下入葱段、姜片炒香，放入鹌鹑块，倒入料酒略炒。❸ 锅中注入适量鸡汤，放入海带丝，大火煮沸后转小火煮30分钟，煮至鹌鹑熟透。❹ 加入适量盐调味，最后淋入香油即可。

人参枸杞子炖鹌鹑

原料：鹌鹑肉1000克，人参25克，山药100克，枸杞子5克。

调料：葱5克，姜4克，料酒3克，盐4克，味精2克。

做法：❶将鹌鹑宰杀，去毛和内脏，剁去头、爪，洗净，焯水备用。❷人参洗净，切片；葱洗净，切段，姜洗净，切片；山药洗净，切片；枸杞子洗净。❸将鹌鹑放入砂锅，加入人参片、山药片、枸杞子、葱、姜及适量清水，小火炖至熟烂。❹最后加入料酒、盐、味精调味，稍煮后即可食用。

冬笋鹌鹑煲

原料：鹌鹑1只，冬笋50克，鲜香菇50克，陈皮10克。

调料：大葱、姜、盐、味精、料酒各适量。

做法：❶将鹌鹑宰杀，去毛及内脏，用剪刀剪去脊骨，去血块，洗净。❷冬笋切成薄片；香菇切成片；陈皮切成细丝。❸锅内水烧开，放入鹌鹑稍煮一下取出，洗净血沫，装入砂锅内。❹将冬笋片、香菇片、陈皮铺在鹌鹑上，加入葱、姜、盐、味精和料酒，再加入用网筛过滤过的煮鹌鹑的原汤，加盖，小火煮1~2小时即可。

川贝鹌鹑煲

原料：川贝20克，鹌鹑3只，瘦肉150克，蜜枣3颗。

调料：盐适量。

做法：❶将鹌鹑剖好，洗净，备用；川贝和蜜枣洗净；瘦肉切片，焯水后洗净，备用。❷锅中加入适量清水，煮沸。❸放入川贝、鹌鹑、瘦肉、蜜枣用大火煮沸，改小火煮3小时左右。❹最后根据自己的口味，加入适量盐调味即可。

小贴士：川贝鹌鹑汤具有润肺、补脾的作用，挑选川贝时要选择颗粒均匀、质地坚实、色泽洁白的。

瓜皮蛋花汤

原料：西瓜皮100克，鸡蛋2只，西红柿1个。

调料：盐、香油、葱末各适量。

做法：❶ 西瓜皮洗净，削去外层的青皮，去掉里边的红瓤，留中间白色的部分，切成长条；西红柿洗净，在沸水中焯一下，切片；鸡蛋打散，备用。❷ 锅置火上，放入适量清水，煮沸，再放入瓜条煮沸。❸ 放入西红柿片，再淋入鸡蛋液，一边用筷子均匀搅拌，一边放入盐、葱末和香油即可。

小贴士：蛋液要用小火煮，边倒边搅拌，这样蛋花才好看、美味。煮蛋花的时间不宜太长。

草菇鸡蛋汤

原料：鲜草菇75克，鸡蛋3个。

调料：葱花3克，胡椒粉0.1克，熟猪油3克，味精4克，盐3克，上汤1500克，芝麻油2克。

做法：❶ 将鲜草菇用清水洗净，入沸水锅中略煮捞出，切片；鸡蛋打入碗内，放盐打匀。❷ 置锅大火上，放入熟猪油烧热，下葱花爆香。❸ 倒入上汤，放入草菇、盐、胡椒粉、味精烧沸。❹ 汤中倒入鸡蛋液，待汤再沸时，用勺子搅动几下，食用前淋入芝麻油即可。

白果鸭煲

原料：鸭1只，白果40克，白菜50克，香菜2棵。

调料：磨豉鼓5克，蚝油5克，糖3克，鸡精10克，生粉5克，酒2克，盐5克，老抽3克，果皮适量。

做法：❶ 白果去壳，放沸水中煮5分钟。❷ 鸭下沸水中煮熟取出，切块；白菜切短段，煮熟捞出。❸ 鸭块中放鸡精、酒、磨豉鼓、糖腌10分钟。❹ 锅中倒油，爆透白果，再放入鸭块爆片刻，将盐、蚝油、老抽、果皮放入，焖大约20分钟，用生粉勾芡，熄火。❺ 白菜放入砂锅内，白果和鸭块放在上面，加水，煲至煮开，放上香菜。

高汤炖煎蛋

原料：鸡蛋5个，猪肉末、韭菜各适量。

调料：油、盐、味精、胡椒粉、高汤各适量。

做法：

❶ 韭菜洗净，切成碎末。

❷ 将鸡蛋打入碗中，放入韭菜末、猪肉末、盐、味精搅拌均匀。

❸ 置锅火上，加适量油烧热，倒入搅拌好的蛋液，煎成蛋饼，凉凉切块，码入汤碗中。

❹ 另取一锅，锅中加入高汤，放入适量盐和味精，煮沸，倒入汤碗中。

❺ 碗中撒入胡椒粉，上笼用大火蒸15分钟即可。

小贴士：除了韭菜末和猪肉末这两种食材，蛋液中也可以根据自己的喜好放入其他食材。

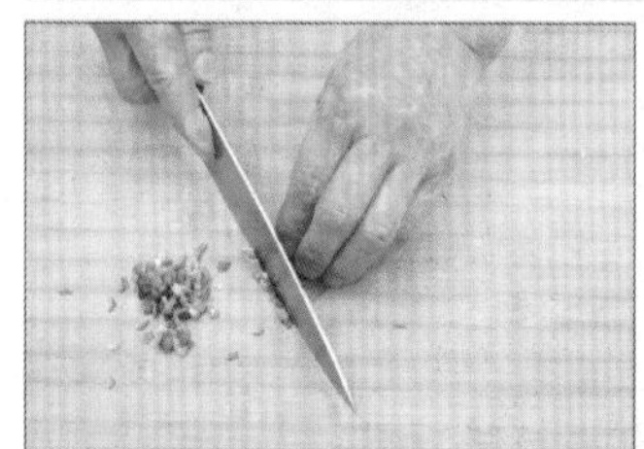

煎泡蛋汤

原料：鸡蛋4个。

调料：盐4克，味精3克，胡椒粉少许，葱5克，植物油30克。

做法：❶ 先将鸡蛋去壳，打散；葱洗净，切成末。❷ 置锅火上，放油烧热后，放入鸡蛋煎至起泡。❸ 锅中倒入适量开水，加盐、味精、胡椒粉，煮出香味。❹ 将汤盛入碗中，撒上葱末即成。

小贴士：煎泡蛋汤的做法独特、口感极佳，但注意鸡蛋不要煎得过久，否则会影响汤的口感。

第5天

烩出鲜嫩醇美水产汤

红枣黑豆鲤鱼汤

原料：鲤鱼1条，红枣10颗，黑豆20克。

调料：盐、姜各适量。

❶ 将鲤鱼去鳞、鳃、内脏，洗净后控干水分。

❷ 黑豆、红枣洗净；姜洗净，去皮，切片。

❸ 将黑豆放入锅中，用小火炒至豆壳裂开，然后洗净沥干。

❹ 置锅火上，锅中加入适量油，大火烧至七成热，放入鲤鱼煎至双面金黄后捞出。

❺ 汤锅中加入足量开水，放入煎好的鱼、黑豆、红枣、姜片，大火煮沸后转小火，加盖煲1小时左右。

❻ 出锅前加入适量盐调味即可。

小贴士：黑豆味甘性平，具有高蛋白、低热量的特性，是一种保健佳品，用炒过的黑豆来煲汤，能使黑豆的营养更好地溶解在汤里。

山药鳝鱼汤

原 料：黄鳝 1 条，山药 100 克，胡萝卜 50 克，香菜适量。

调 料：葱、姜、盐、鸡精、胡椒粉、香油、麻油、料酒各适量。

做 法：

❶ 黄鳝切去头部，从肚子上划一刀，去除内脏，洗净。

❷ 黄鳝切段，焯去血水，捞出备用。

❸ 山药洗净，去皮后切片；胡萝卜洗净，切成片；葱洗净，切段；姜洗净，切片。

❹ 置锅火上，锅中加入适量油烧热，下入葱段、姜片爆香。

❺ 锅中放入鳝鱼段和料酒炒一下。

❻ 加入适量清水，大火煮沸转小火，煮 5 分钟。

❼ 放入胡萝卜片和山药片，大火煮沸后，加盖转小火煮 10 分钟。

❽ 加入盐、鸡精、胡椒粉调味，出锅后撒上香菜，淋入麻油即可。

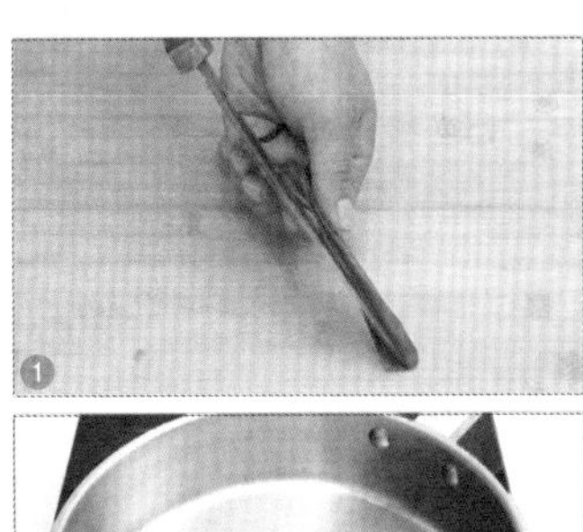

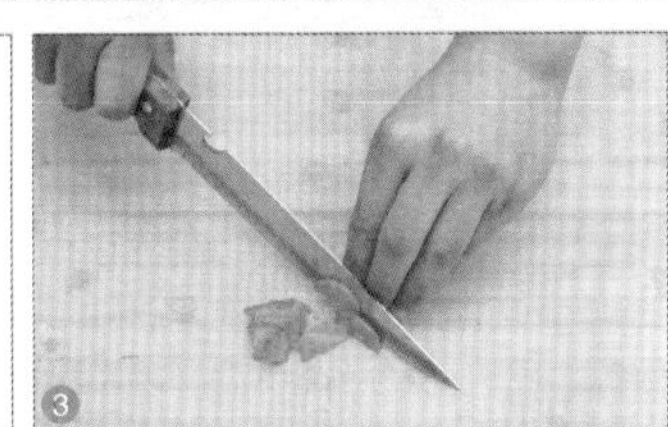

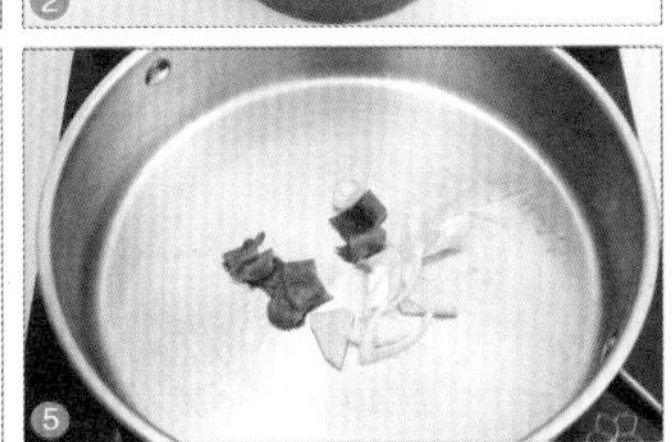

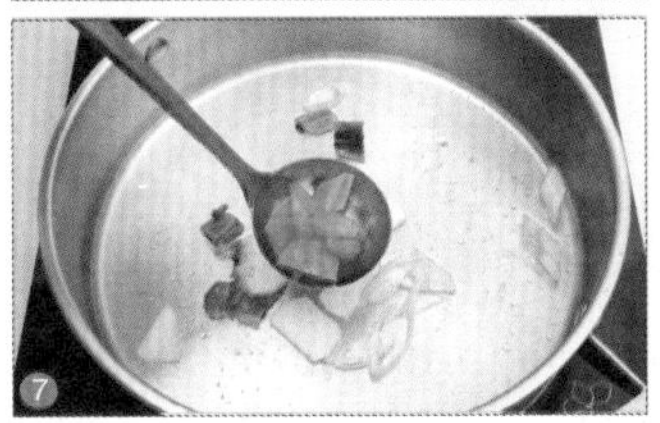

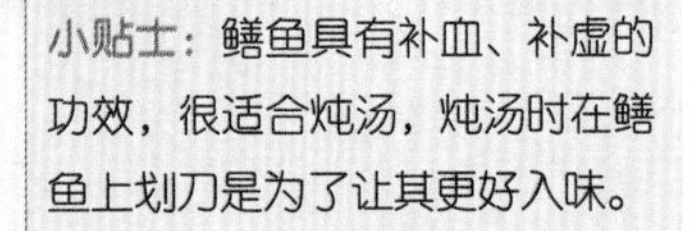

小贴士：鳝鱼具有补血、补虚的功效，很适合炖汤，炖汤时在鳝鱼上划刀是为了让其更好入味。

酸菜煲鲤鱼

原 料：鲤鱼1条，酸白菜250克，鸡蛋清15克。

调 料：植物油40克，盐4克，味精3克，胡椒粉4克，料酒15克，泡椒25克，花椒10克，姜3克，大蒜7克。

做 法：

① 将鲤鱼处理干净，用刀取下两扇鱼肉，将鱼肉斜刀片成鱼片。

② 鱼片中加入盐、料酒、味精、鸡蛋清拌匀。

③ 把鱼头劈开；酸菜洗净后切段；姜洗净，切片；大蒜去皮。

④ 锅置火上，加油烧热，下入花椒粒、姜片、蒜瓣、泡椒炒香，然后倒入酸菜段煸炒。

⑤ 锅中加入适量清水煮沸，下鱼头、鱼骨，大火煮沸后撇去汤面浮沫，转小火煮至鱼汤出味。

⑥ 放入处理好的鱼片，加入盐、胡椒粉、料酒，煮至鱼片熟后，加入味精调味即可。

小贴士：对于这道汤来说，鱼片的味道是十分关键的，在腌制鱼片时要保证鱼片均匀地挂上一层蛋浆。

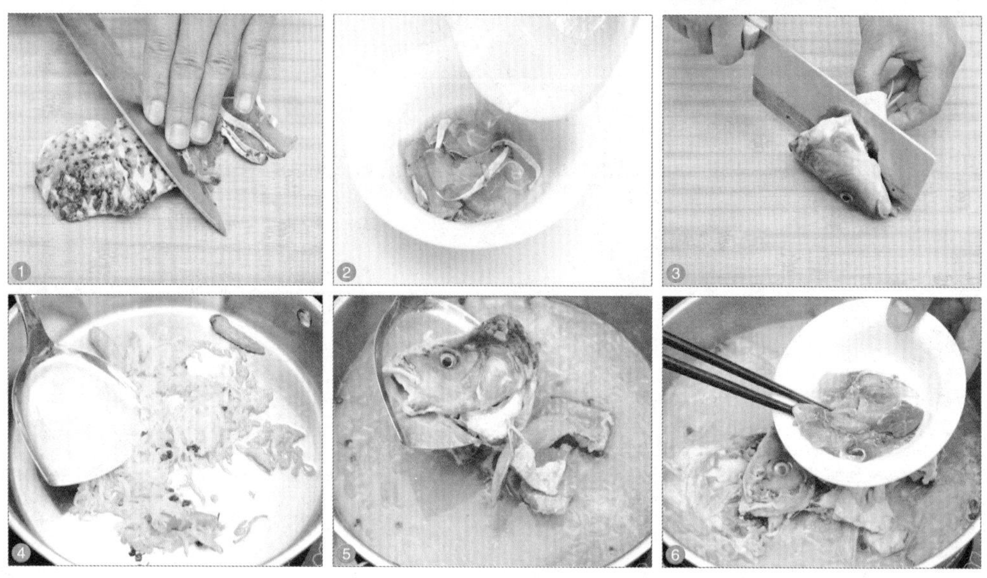

清汤鱼丸

原 料：胖头鱼1条，豌豆苗15克，鸡蛋清3个。

调 料：熟猪油、盐、料酒、味精、胡椒粉、葱姜碎、鸡油各适量。

做 法：

1. 将鱼宰杀干净，从鱼身两边起出两片整鱼肉，鱼皮朝下平放在案板上，用刀顺着鱼肉的纹路，一层一层刮下鱼肉，择出小刺。
2. 将鱼肉用刀背砸成极细的泥。
3. 将葱姜碎放入碗中，加入清水、料酒搅匀，泡10分钟左右，取葱姜水待用。
4. 将鱼泥放入盆内，分几次加入葱姜水，边加边用手搅打。
5. 待鱼泥解开，加入鸡蛋清、盐、味精、胡椒粉、熟猪油。然后用手顺着一个方向搅打至鱼泥上劲，呈黏稠状时为止。
6. 将鱼泥挤成鱼丸，放入盛有清水的小盘内。
7. 将锅坐火上，加入清水、盐、料酒、味精，烧开后把鱼丸连同清水一起倒入开水锅中，用旺火烧开，撇净浮沫，再改用微火煮透。
8. 关火后往锅内撒上豌豆苗，淋上鸡油即可。

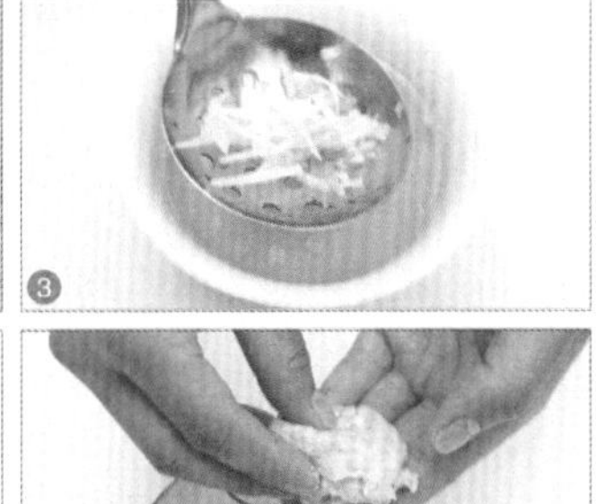

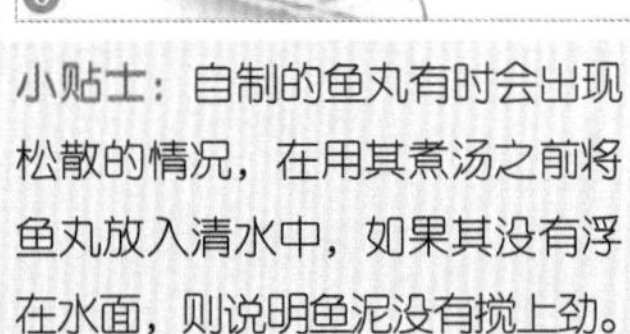

小贴士：自制的鱼丸有时会出现松散的情况，在用其煮汤之前将鱼丸放入清水中，如果其没有浮在水面，则说明鱼泥没有搅上劲。

白菜鲤鱼猪肉汤

原 料：鲤鱼 1 条，白菜 100 克，肉皮 100 克，香菜适量。

调 料：葱、姜、蒜、盐、糖、酱油各适量。

做 法：

1 将鲤鱼收拾干净，从中间切两段。

2 白菜洗净，切成片；葱洗净，切成葱段；姜洗净，切成姜片；香菜洗净，切成末。

3 肉皮洗净，切片。

4 置锅火上，锅中加入适量油加热，下入姜片和葱段爆香，放入鲤鱼段，加入适量清水，再加上盐和糖，大火煮沸。

5 放入肉皮和白菜，加入酱油，煮至肉皮熟烂。

6 出锅前撒入少许香菜即可。

小贴士：在白菜鲤鱼猪肉汤中加入肉皮是为了提升汤的香味，做汤时在锅中多放一些水，多炖一会儿味道会更好。

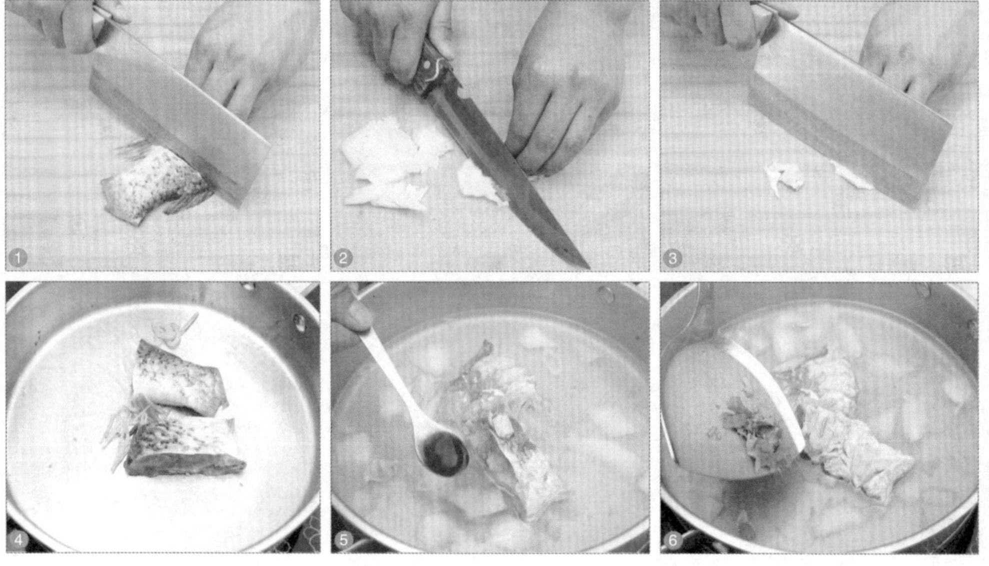

海带豆腐鲫鱼汤

原 料：鲫鱼1条，海带100克，豆腐300克。

调 料：油、盐、香葱、姜、胡椒粉、鸡精各适量。

做 法：

1 将鲫鱼去鳞、鳃及内脏，清洗干净；海带洗净，切成丝。

2 豆腐切成片；香葱洗净，切成葱花；姜洗净，切片。

3 置锅火上，加油烧热，放入鲫鱼，两面煎黄。

4 砂锅加水，放进几片姜片，大火煮开，将煎好的鲫鱼放入，大火煮开后改小火煮20~30分钟。

5 当汤汁煮至奶白，放入海带，大火煮开后改中火煮10分钟左右。

6 放入豆腐，大火煮开后继续煮2分钟。

7 加入盐，稍煮一下。

8 加入适量鸡精和胡椒粉调味，最后撒上香葱即可。

1

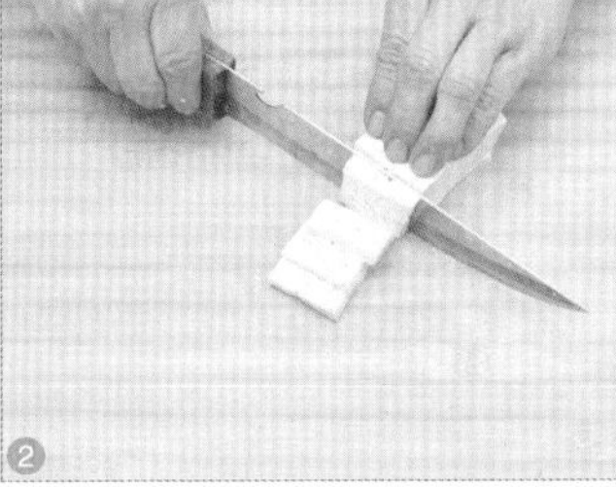
2

3

4

5

6

7

8

小贴士：鱼汤做好之后，最好是趁热喝，这样汤鲜味美，没有腥味；建议做这道汤时最好选用嫩豆腐，口感比较滑嫩。

红豆炖鲫鱼

原料：鲫鱼1条，红豆150克。

调料：姜、料酒、盐各适量。

做法：

1. 鲫鱼去鳞鳃内脏，收拾干净。
2. 将红豆洗净，放入清水中浸泡；姜洗净，切片。
3. 置锅火上，锅中加油烧热，下入姜片爆香，放入鲫鱼，煎至两面微黄待用。
4. 将红豆倒入砂锅。
5. 加适量水，煮至红豆软烂。
6. 将煎好的鲫鱼放入砂锅，煮沸后加入料酒，继续煮20分钟左右。

小贴士：煮鱼汤的时候先煎鱼是为了让鱼汤更鲜浓，煎鱼的时候要轻轻晃动锅子，以防鱼皮粘连到锅子上，一面煎大约2分钟即可。

海鲜豆腐煲

原 料：日本豆腐2条，蟹王棒6支，白菜、虾仁、肉片各适量。

调 料：盐、鸡精、白胡椒、番茄沙司、泰式甜辣酱各适量，地瓜粉少许。

做 法：

1. 日本豆腐切块；白菜洗净，切碎；地瓜粉调成勾芡汁。
2. 将日本豆腐下锅煎至两面金黄，盛出。
3. 锅内重新放油，放入肉片，炒熟。
4. 锅中下虾仁、蟹王棒翻炒至熟。
5. 再放入煎好的日本豆腐一起稍微翻炒片刻，盛出备用。
6. 油锅重新放油，下入白菜翻炒，直至熟软。
7. 将已先炒好的配料倒入锅内，放盐、鸡精、白胡椒少许进行调味。
8. 锅中加入适量清水，小火慢炖5分钟，放入调好的勾芡，稍加搅拌即可。

小贴士：除了虾仁和蟹棒之外，汤中还可以加入一些其他的海鲜，譬如鲜贝、海参、鱼片等等，这样汤的营养会更丰富。

萝卜蛏子汤

原料：蛏子500克，白萝卜400克。

调料：鸡汤、盐、葱花、香菜末各适量。

做法：

1. 蛏子放淡盐水里泡2小时，去除泥沙后，用清水洗净。
2. 白萝卜去皮，切成细丝。
3. 萝卜丝放开水中焯一下，捞出，倒掉焯水。
4. 锅内放入鸡汤，烧开，下萝卜丝，煮软。
5. 加盐调味，放入蛏子煮熟。
6. 最后放香菜末和葱花提味即可。

小贴士：鸡汤和蛏子味道都非常鲜，所以在煮此汤时不用放鸡精之类的增鲜剂，只需要加一点儿盐就可以了。

银耳木瓜鲫鱼汤

原料：银耳 25 克，木瓜 100 克，鲫鱼 1 条。

调料：姜少许，胡椒粉少许，盐适量。

做法：

1. 鲫鱼刮去鱼鳞，掏出内脏和鱼鳃，洗净。
2. 木瓜洗净，去皮、去籽，切成小块。
3. 银耳泡发，洗净去蒂后撕成小朵；姜洗净，切片。
4. 锅中加油烧热，下入姜片爆香，下入鲫鱼煎至两面略微焦黄。
5. 砂锅中加入银耳和适量水，大火煮沸后改小火煮 30 分钟。
6. 放入木瓜，继续煮 20 分钟。
7. 再放入鲫鱼，煮至汤色雪白浓稠。
8. 加入适量盐和胡椒粉调味即可。

小贴士：银耳是一种滋补佳品，适宜炖煮。在煮此道汤时最好用小火，让汤汁在小火下保持微沸的状态，这样炖出的汤更营养。

白萝卜丝煮鲫鱼

原料：白萝卜300克，鲫鱼1条。

调料：香葱、生姜、油、料酒、盐、味精各适量。

做法：❶鲫鱼处理干净，在鱼身两面各斜划5刀；白萝卜去皮，切成细丝；香葱切段；生姜切片。❷锅中加油烧热，下入香葱段和姜片爆香，然后放入鲫鱼，煎至两面略呈焦黄色。❸倒入适量水，下入白萝卜丝，加入料酒，煮沸后继续煮15分钟左右。❹加入盐和味精调味，最后拣出葱段。

小贴士：如果不喜欢白萝卜的辛辣味，可以将白萝卜丝放入开水中焯一下，再用来煮汤。

鲫鱼木瓜汤

原料：木瓜300克，鲫鱼1条。

调料：姜、盐各适量。

做法：❶将鲫鱼去鳞、鳃及内脏，清洗干净后沥干备用；木瓜去籽、去皮，切成大块；姜去皮，切片。❷锅中加入油，烧至七成热，将鲫鱼放入，正反面煎至微黄。❸将煎好的鱼放入砂锅中，倒入适量开水，大火煮开后转小火，煮至汤的颜色变成乳白色。❹放入姜片和木瓜，转中小火，加盖煲40分钟左右，最后加盐调味即可。

小贴士：可以将汤中的鲫鱼以猪骨或猪肉代替。

鲫鱼生姜汤

原料：鲫鱼1条，姜30克，橘皮10克。

调料：胡椒3克，盐适量。

做法：❶将鲫鱼去鳞、鳃及内脏，清洗干净；将生姜洗净去皮后，切成片。❷将橘皮、胡椒和切好的姜片包在纱布中，然后将其放在鱼腹中。❸将腹中装有调料包的鲫鱼放入砂锅中，加入适量清水，大火煮沸后转小火，煮至鱼肉熟透，汤汁白稠。❹出锅前根据自己的口味加入适量盐调味即可。

小贴士：有些人不喜欢鲫鱼的腥味，除了要将鲫鱼处理干净，还可以在汤中加入适量料酒以去腥。

鲫鱼豆芽汤

原料：鲫鱼 1 条，黄豆芽 50 克。

调料：盐、葱、姜、蒜、八角、香油、鸡精、白胡椒粉、料酒各适量。

做法：① 将鲫鱼去鳞、鳃及内脏，清洗干净，加入少许料酒腌制一下；豆芽择洗干净；葱洗净，切段；姜洗净，切片。② 置锅火上，加油烧热，放入鲫鱼，两面煎黄。③ 将煎好的鲫鱼放入砂锅中，加入适量清水，放入葱段、姜片和八角，中火炖至汤色发白。④ 将豆芽放入锅中煮熟，最后加入盐、鸡精、白胡椒粉、香油调味即可。

西红柿豆腐鲫鱼汤

原料：鲫鱼 1 条，西红柿 150 克，豆腐 100 克。

调料：油、盐、姜、葱、料酒各适量。

做法：① 将鲫鱼去鳞、鳃及内脏，清洗干净；西红柿洗净，切成块；豆腐切成块；姜洗净，切成片；葱洗净，切成葱花。② 锅中加油烧热，下入姜片爆香，放入鲫鱼，两面都煎至略黄，取出备用。③ 锅中重新放油放入西红柿，翻炒出汁，再放入煎好的鲫鱼，倒入适量开水，煮沸。④ 再加入豆腐，小火炖煮 20 分钟左右。⑤ 最后加入适量盐调味，撒上葱花即可。

胡萝卜鲫鱼汤

原料：鲫鱼 1 条，胡萝卜 500 克，红枣 10 颗。

调料：盐适量。

做法：① 将鲫鱼去鳞、鳃及内脏，清洗干净；胡萝卜洗净，去皮后切成小块；红枣洗净。② 锅中加油烧热，将处理好的鲫鱼放入锅中，煎至两面发黄。③ 将煎好的鱼放入砂锅，加入适量热水，放胡萝卜块和红枣，大火煮沸后转小火，煮至所有食材熟透。④ 根据自己的口味，加入适量盐调味即可。

小贴士：可根据自己的口味调整配料，比如可以用蜜枣代替红枣，或放入一小块陈皮调味。

黄花菜鱼头汤

原 料：鱼头 1 个，花生 50 克，核桃 50 克，黄花菜 30 克，蜜枣 5 颗。

调 料：油、盐、姜各适量。

做 法：❶ 将鱼头清洗干净，切成两半；花生洗净，浸泡半小时；黄花菜、核桃洗净；姜洗净，切成片。❷ 锅中加油烧热，放入姜片爆香，将两半鱼头分别放入锅中煎一下备用。❸ 将花生、核桃、黄花菜、蜜枣放入砂锅内，加适量水，大火煮开后转小火煲 40 分钟。❹ 再将煎好的鱼头放入，继续煲 30 分钟，最后加入盐调味即可。

小贴士：汤中的花生，如果煮得时间不够会影响口感，你可以将花生先用水浸泡一下，这样在煮汤时更容易煮烂。

鱼头豆腐汤

原 料：鱼头 500 克，豆腐 500 克，香菇 200 克。

调 料：油、盐、料酒、葱、姜、白醋、白砂糖各适量。

做 法：❶ 将鱼头洗净，用料酒、盐腌制 20 分钟；香菇洗净去蒂，切成片；豆腐切块；葱、姜洗净，切成丝；蒜去皮，切片。❷ 锅中加油烧热，下入葱、姜、蒜炒香，将鱼头放入锅中煎一下。❸ 加入适量清水，淋入少许白醋，加入适量白砂糖和盐，煮沸。❹ 加入豆腐和香菇片，煮至食材熟透、汤汁发白即可。

小贴士：制作这道汤时候如果使用的是嫩豆腐，可以将其最后加入汤中略煮即可。

丝瓜鱼头汤

原料：鱼头500克，豆腐100克，丝瓜50克。

调料：姜、葱、油、盐、料酒、胡椒粉、麻油各适量。

做法：❶将鱼头洗净，去鳃，斩成两半；丝瓜洗净，去皮，切成小块；豆腐切成块；姜洗净，切片；葱洗净，切成葱花。❷锅中加油烧热，下入鱼头煎至金黄色，滤去余油。❸锅中加入适量清水，倒入料酒烧开，放入丝瓜、豆腐、姜片、葱花，中火煮至鱼汤变成奶白色。❹加入盐、胡椒粉调味，最后淋入麻油即可。

山药鱼头汤

原料：鱼头500克，山药150克，豌豆苗50克，海带结50克。

调料：植物油30克，盐3克，味精2克，胡椒粉2克，姜8克。

做法：❶将鱼头洗净，去鳃；山药洗净，去皮，切成片；海带结、豌豆苗洗净；姜洗净，切片。❷锅中加油烧热，下入鱼头，煎至金黄色。❸另起一锅放入煎好的鱼头、山药、海带结、姜片，加入适量清水，大火煮开后转小火煮30分钟。❹放入豌豆苗煮2分钟左右，最后放入盐、味精、胡椒粉调味即可。

酸菜鱼头煲

原料：鲢鱼头200克，酸菜200克，香菜适量。

调料：酸菜鱼调料1包，鸡精、盐、油、料酒各适量。

做法：❶鱼头洗净，加入料酒和鱼调料腌制一会儿；酸菜洗净，切成段；香菜洗净，切成段；姜洗净，切成片。❷置锅火上，锅中加适量油烧热，放入姜片爆香，放酸菜，煸炒一下。❸锅中加入适量清水，大火煮沸，放入鱼头，大火煮沸后改中小火，煮至鱼头熟透。❹加入适量盐和鸡精调味，最后撒上香菜即可。

红枣鱼头汤

原料：胖头鱼头1个，红枣10颗。

调料：料酒、米醋、葱、姜、味精、盐各适量。

做法：❶胖头鱼头去腮，洗净；红枣洗净，去核；葱洗净，切段；姜洗净，切片。❷置锅火上，锅中加油烧热，将鱼头放入锅中略煎至两面发黄，盛出，放入砂锅中。❸砂锅中注入适量清水，放入红枣、葱段、姜片、盐、醋、料酒，大火煮沸后改小火，煮至所有食材熟透。❹根据自己的口味，加入适量味精调味。

西蓝花鱼头煲

原料：鲢鱼头200克，西蓝花100克。

调料：盐适量。

做法：❶将鲢鱼头洗净，斩块；西蓝花洗净，掰成小朵。❷锅中加入适量清水，加入处理好的鲢鱼头，大火煮沸后转小火，煮至鱼头将熟。❸将西蓝花放入锅中，煮熟。❹根据自己的口味，加入适量盐调味即可。

小贴士：煮此煲的时候，也可以在汤中加入少量牛奶或啤酒，能让汤变得更加鲜美、可口，但要注意不要放入过多。

金针菇鱼头煲

原料：鲢鱼头200克，金针菇100克。

调料：油、盐、葱各适量。

做法：❶将鱼头洗净，用盐腌制一下；金针菇去根，清洗干净；葱洗净，切成段。❷置锅火上，锅中加油烧热，下入鱼头两面煎一下。❸锅中加入适量清水，放入金针菇，煮熟。❹放入葱段，稍稍焖煮一下，最后加入适量盐调味即可。

小贴士：如果觉得只吃鱼头太单调的话，也可以根据自己的喜好，在炖汤的时候再加一些鱼排。

冬瓜草鱼汤

原料：冬瓜500克，草鱼250克。

调料：料酒10克，盐3克，大葱5克，姜5克，油少许。

做法：

1. 将草鱼去鳞、鳃及内脏，清洗干净。
2. 冬瓜洗净，去皮，去瓤，切成块；葱洗净，切成葱段；姜洗净，切成姜片。
3. 将处理好的草鱼放入砂锅内，再放入冬瓜、葱段、姜片、盐、料酒和少许油，注入适量清水，大火煮开后转小火，煮至所有食材熟透、汤汁发白。
4. 待鱼汤煮好，拣去葱、姜即可。

小贴士：冬瓜切块后即时食用，如果太大一顿无法吃完，可以用保鲜膜包好放在冰箱冷藏室，可以延长其保鲜时间。

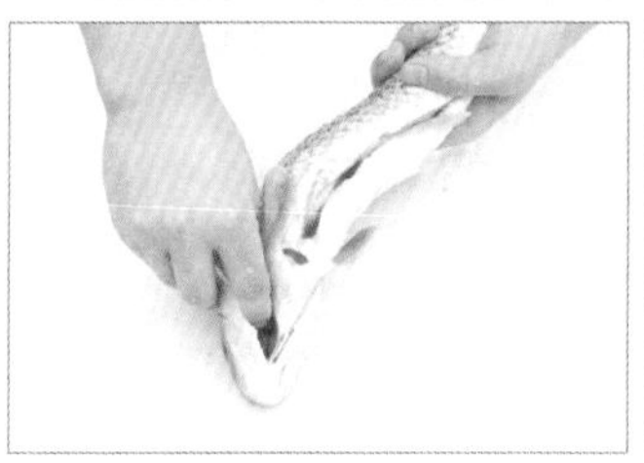

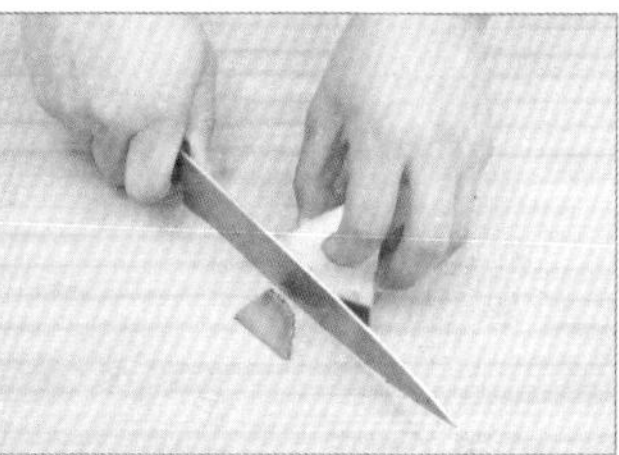

苹果草鱼汤

原料：苹果300克，红枣6颗，草鱼200克。

调料：姜、盐、胡椒粉、油各适量。

做法：①草鱼去鳞、鳃及内脏，清洗干净，切块备用；苹果洗净，去皮、去核，切滚刀块备用；红枣洗净；姜洗净，切片。②炒锅中倒入油，放入姜片爆香，将鱼块煎制两面微黄。③倒入开水，放入红枣，以中火煮15分钟，煮至锅中汤汁变为奶白色后，加入苹果块，继续煮5分钟。④根据自己的口味，加入适量盐和胡椒粉调味即可。

玉米须鲫鱼煲

原料：鲫鱼1条，玉米须、玉米棒各100克。

调料：葱、姜、料酒、盐各适量。

做法：

❶将鲫鱼处理好，洗净后放入料酒中腌制片刻；玉米须、玉米棒洗净；姜洗净，切片；葱洗净，切葱花。❷置锅火上，加入适量清水煮沸，放入洗净的玉米须和玉米棒煮20分钟，捞出，锅中汤汁待用。❸将腌制过的鲫鱼放入煮好的玉米汤中，加入料酒和姜片煮30分钟左右。❹根据自己的口味，加入适量盐调味，最后撒上葱花即可。

木瓜鲈鱼汤

原料：鲈鱼1条，木瓜300克。

调料：油、盐、葱各适量。

做法：❶将鲈鱼去鳞、鳃及内脏，清洗干净；木瓜去皮，切大块；葱切成葱花。❷锅中放油烧热，下入鲈鱼，两面煎一下，加入适量的开水，小火慢炖30分钟。❸待鱼汤变白后倒入切好的木瓜块，煮至木瓜软烂。❹加适量盐稍煮，最后撒上葱花。

小贴士：在鱼汤做好以后撒上少许葱花，不仅能起到装饰作用，还能够提味；除了葱花，也可以加少许蒜苗装饰。

红枣黄芪鲈鱼汤

原料：鲈鱼1条，黄芪25克，红枣4颗。

调料：姜、料酒、盐各适量。

做法：❶将鲈鱼去鳞、鳃及内脏，清洗干净；黄芪洗净；红枣洗净，去核；姜洗净，切片。❷将处理好的鲈鱼、黄芪、红枣、姜片、料酒放入炖盅内，注入适量开水，隔水炖3小时左右。❸根据自己的口味，加入适量盐调味即可。

小贴士：由于这道汤需要隔水来炖，因此炖制的时间比较长，如果想要减短烹饪的时间，也可以按照清炖的做法来做这道汤。

胡萝卜鱿鱼煲

原 料：鱿鱼300克，胡萝卜100克。

调 料：油、盐、葱、姜各适量。

做 法：❶ 将鱿鱼洗净，切块，焯水备用；胡萝卜，洗净、去皮，切成小块；葱洗净，切成葱段；姜洗净，切成姜片。❷ 置锅火上，锅中加入适量油烧热，下入葱段、姜片爆香，然后下入胡萝卜块煸炒一下。❸ 锅中加入适量水，煮至胡萝卜将熟。❹ 将焯过水的鱿鱼块放入汤中，煮熟，最后加入适量盐调味即可。

小贴士：在做汤时，最好挑选体形圆直、色泽橙红的胡萝卜。

鱿鱼三鲜汤

原 料：鱿鱼200克，水发虾仁100克，黄瓜50克，西红柿60克，蛋清1个。

调 料：清汤、料酒、盐、味精、水淀粉各适量。

做 法：❶ 将鱿鱼洗净后，切花；虾仁洗净，沥干水分，放入少许盐、蛋清、料酒、水淀粉拌匀上浆；黄瓜去皮，洗净，切成片；西红柿洗净，切成小块。❷ 将处理好的虾仁、鱿鱼、黄瓜片分别放入沸水中焯熟，捞出放入汤碗中，拌入西红柿备用。❸ 锅中倒入清汤，加入少许料酒和盐，大火煮沸后加入适量味精调味。❹ 将煮好的汤趁滚烫浇在汤碗内即可。

鱿鱼虾仁豆腐煲

原 料：鱿鱼200克，虾仁100克，豆腐200克，蛋清1个。

调 料：盐、料酒、淀粉、番茄沙司、蚝油、酱油、盐、糖各适量。

做 法：❶ 鱿鱼洗净切花后焯水。❷ 虾仁洗净沥干水分，放入少许盐、蛋清、料酒、淀粉上浆；❸ 豆腐切成块，表面裹上淀粉；将番茄沙司、蚝油、酱油、盐和糖调成调味汁。❹ 锅中加适量油，放入豆腐煎一下，加入调味汁。❺ 另置一锅加入适量清水，放入鱿鱼、虾仁和豆腐，煮至所有食材熟透。❻ 加入适量盐调味。

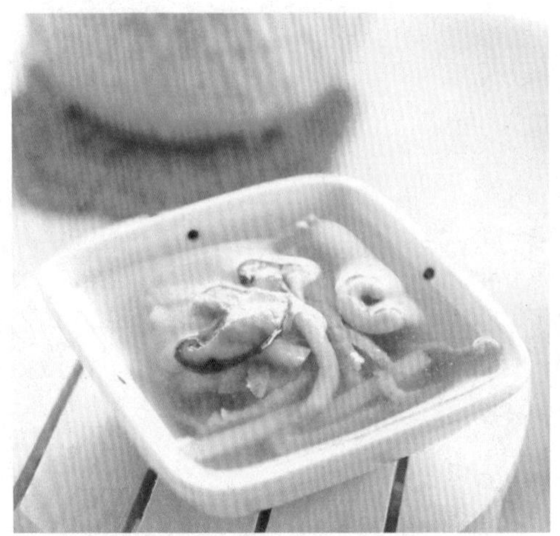

什锦鱿鱼汤

原 料：鱿鱼150克，猪里脊肉50克，冬笋、香菇各20克。

调 料：盐、陈醋、料酒、白胡椒粉、高汤、香油、姜片各适量。

做 法：❶鱿鱼、猪里脊肉、冬笋均洗净，切丝；香菇洗净，用温水泡发，切块。❷鱿鱼丝放入沸水中焯至卷曲，捞出备用。❸锅中放油烧制五成热，将猪里脊肉、冬笋丝、香菇块翻炒至肉丝变白。❹放入鱿鱼丝、盐、料酒、姜片、白胡椒粉、陈醋，加适量高汤炖5分钟，起锅后淋上香油。

南瓜煲带鱼

原 料：带鱼1条，南瓜150克，青椒、红辣椒各适量。

调 料：葱、酱油适量，蒜少许。

做 法：❶将带鱼去除内脏和鳍，切成段；南瓜洗净，去皮，切成块；青椒、红辣椒洗净，切小段；蒜剥皮，切成蒜末；葱洗净，切丝。❷锅中加入适量清水，烧开，放入带鱼煮熟。❸再放入南瓜块和蒜末，煮10分钟，然后放入青椒、红辣椒和葱丝，煮2分钟。❹最后加入少量酱油调味。

小贴士：如果不喜欢加酱油，可以用盐代替调味。

党参煲鳝鱼

原 料：黄鳝250克，党参12克，陈皮3克，红枣5颗。

调 料：姜、盐各适量。

做 法：❶将黄鳝活杀，去内脏后洗净切段；党参、陈皮洗净；红枣洗净，去核；生姜切片。❷将处理好的黄鳝、红枣、党参、陈皮、姜片放入锅内，加入适量清水，大火煮沸后转小火煮1~2小时。❸根据自己的口味加入适量盐调味即可。

小贴士：购买鳝鱼的时候一定要买新鲜的，活杀后食用，切勿食用死鳝鱼。

海带结煲带鱼

原料：带鱼300克，鲜海带100克，青椒60克，红椒45克。

调料：大葱、酱油各适量。

做法：

1. 带鱼去除内脏和鳍，洗净后切成5厘米长的段；海带洗净，切成长段；青椒、红椒洗净，切丝；葱洗净，切成葱花。
2. 锅中加水烧开，放入带鱼和海带，中火加盖煮熟。
3. 放入青椒丝、红椒丝和葱花略煮一下。
4. 加入适量酱油调味即可。

小贴士：处理带鱼时应该去掉带鱼肚子中黑色的内膜，以除腥；另外也可在煮这道汤时，放入适量大蒜，也能除去带鱼的腥味。

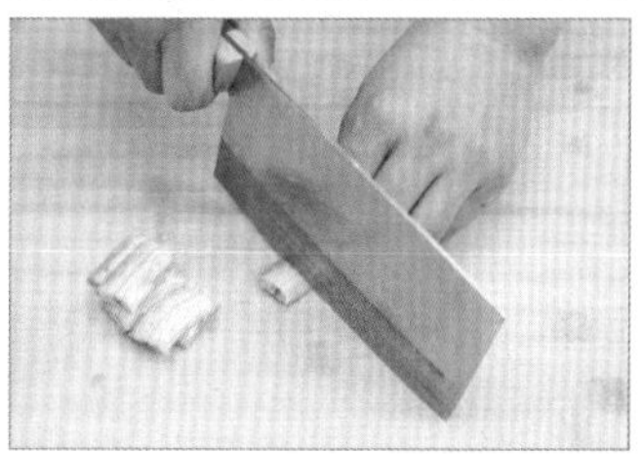

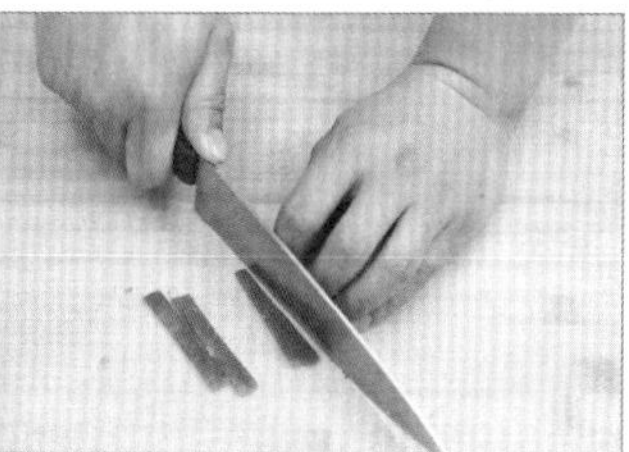

鳝鱼豆腐汤

原料：黄鳝100克，豆腐150克。

调料：姜、蒜、小葱、料酒、油、盐、胡椒粉、鸡精各适量。

做法：1 将黄鳝去内脏后洗净，切段；豆腐切块；姜洗净，切丝；蒜去皮，切成末；葱洗净，切成葱花。2 锅中加油烧热，放入鳝鱼。3 锅中放入姜丝和蒜末，加入少许料酒，注入适量清水，煮沸。4 放入豆腐、鸡精、盐和少许胡椒粉，加盖煮15分钟，煮至汤变成奶白色。5 将鱼汤盛入碗中，撒上少许葱花即可。

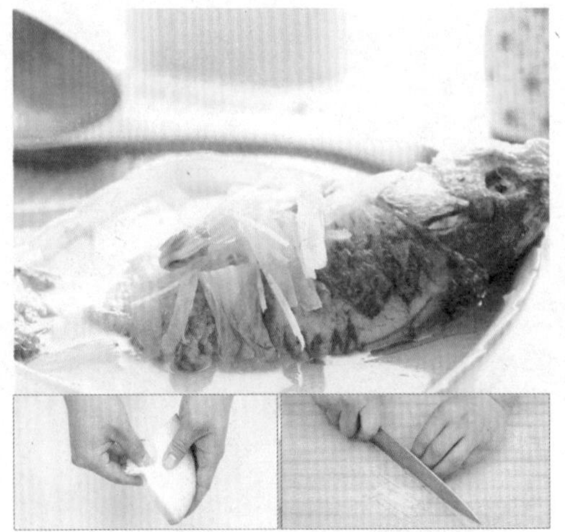

冬瓜鲤鱼汤

原料：嫩冬瓜100克，鲤鱼1条，油菜20克，枸杞子3克。

调料：姜10克，油10克，盐6克，胡椒粉少许，绍酒3克。

做法：❶鲤鱼处理干净；冬瓜去皮，去籽后切成丝；姜洗净，切丝；油菜、枸杞子洗净。❷锅内加油烧热，放入鲤鱼，小火煎至变色。❸加入姜丝和绍酒，倒入适量清水，大火煮沸后转小火，煮至汤发白。❹再加入冬瓜丝、油菜、枸杞子，继续煮至所有食材熟透。❺最后加入盐和胡椒粉调味，略煮一下即可。

冬瓜炖泥鳅

原料：泥鳅400克，冬瓜100克。

调料：盐、醋、油、酱油、香菜各适量。

做法：❶泥鳅洗净，切段；冬瓜洗净，去皮，去籽，切块备用；香菜择洗干净，切段备用。❷置锅火上，加入适量油烧热，放入泥鳅，翻炒至变色。❸锅中加入清水适量，并放入冬瓜块，大火烧开后改小火，煮至所有食材熟透。❹加入盐、醋、酱油调味，最后撒上香菜即可。

小贴士：冬瓜和泥鳅的搭配十分经典，如果不打算喝汤的话，也可以少加水或者不加水。

海米鳝鱼汤

原料：鳝鱼200克，海米30克，芹菜30克。

调料：油、盐、葱、姜、白醋各适量。

做法：❶将鳝鱼清洗干净，芹菜择洗干净后切成段，海米洗净，葱洗净后切段，姜洗净后切片。❷置锅火上，锅中加油烧热，下入葱段、姜片爆香，然后放入海米和鳝鱼煸炒一下。❸锅中加入适量清水，大火煮开后下入芹菜段，煮熟。❹最后在汤中加入盐和白醋，稍煮一下即可。

小贴士：泥鳅稍有土腥味，最好清水里养两天，水里放几滴油或少量盐，以加快其排出污物。

豆腐红枣泥鳅汤

原料：泥鳅 300 克，豆腐 200 克，红枣 50 克。

调料：盐、味精、高汤各适量。

做法：❶ 将泥鳅洗净备用，豆腐切成小块，红枣洗净。❷ 置锅火上，锅中注入适量高汤，加入处理好的泥鳅、豆腐块和红枣，大火煮沸后转小火，煮至所有食材熟透。❸ 根据自己的口味，加入适量盐和味精调味即可。

小贴士：泥鳅的营养价值很高，捕捉后可以鲜用，也可以烘干食用；食用的时候，泥鳅的内脏可以除去不要。

鲜蘑海鲜汤

原料：蚬子干 10 克，蘑菇 200 克，香菜适量。

调料：盐、香油、姜、葱各适量。

做法：❶ 蚬子干泡好，清洗干净；蘑菇洗净，切成条；香菜洗净，切碎；葱洗净，切成段；姜洗净，切成片。❷ 锅中加入适量清水，下入葱段和姜片，大火煮开。❸ 放入蚬子干，大火煮开后转小火煮 5 分钟。❹ 再放入蘑菇条，略煮一下。❺ 然后加入适量盐调味，再撒上香菜，最后淋入香油即可。

小贴士：蚬子干本身就有咸味，用它煮汤时，最好不加味精，也不要多放盐，以免其鲜味损失。

基围虾萝卜汤

原料：基围虾 200 克，白萝卜 150 克，干贝、枸杞子各适量。

调料：姜、盐各适量。

做法：❶ 将基围虾清洗干净；白萝卜洗净，切片；枸杞子、干贝清洗干净；姜洗净，切片。❷ 锅中加入清水，放入白萝卜片，大火煮开后继续煮 3 分钟。❸ 放入姜片，加入干贝和枸杞子，小火煮 15 分钟。❹ 最后放入基围虾，大火煮 2 分钟，加入适量盐调味。

小贴士：此汤做好之后可以撒上一点儿葱花再喝，如果没有干贝，也可以用鲜贝做这道汤。

海鲜什锦汤

原 料：大虾 150 克，鱿鱼 150 克，豆腐 100 克，鹌鹑蛋 60 克，青椒 20 克，西蓝花 60 克。

调 料：盐、味精、料酒、葱、姜各适量。

做 法：

❶ 将虾洗净，除去头尾；鱿鱼洗净，用刀划菱形后切片；豆腐切块；青椒洗净，切丝；西蓝花洗净，掰成小朵，焯熟；葱、姜洗净后切末。

❷ 锅内加入清水，将虾、鱿鱼片、豆腐块、青椒丝、鹌鹑蛋一同放入锅中，煮至汤汁呈奶白色。

❸ 加入料酒、盐、味精、葱末及姜末，稍煮一下。

❹ 将汤盛出，放入西蓝花点缀一下即可。

小贴士：海鲜什锦汤中不仅包含丰富的海鲜，还有多种青菜，如果你还想吃些别的，其材料可以按照自己的喜好自行增减。

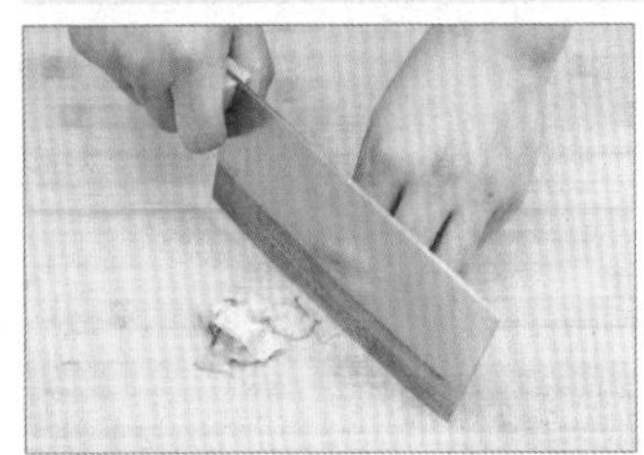

银耳海鲜汤

原 料：三文鱼 200 克，虾仁 30 克，银鱼 100 克，银耳 15 克。

调 料：葱 20 克，盐 5 克，淀粉 5 克。

做 法：❶ 银耳泡发洗净，去蒂，撕成小朵；三文鱼切丁；虾仁去泥肠；银鱼洗净；葱切末；淀粉调成水淀粉。❷ 锅中加适量清水，放入银耳，煮沸。❸ 加入三文鱼、虾仁、银鱼，煮至所有食材熟透。❹ 加入水淀粉调匀，加盐调味，撒上葱末。

小贴士：如果想要银耳煮出黏稠的感觉，一定要开小火慢慢炖煮，滋味才会更好。

海米冬瓜汤

原 料：冬瓜 300 克，海米 20 克，香菜适量。

调 料：盐少许，鸡精适量。

做 法：❶ 将海米用温水泡软，洗净，控干水分；冬瓜洗净，去皮、去瓤，切成片；香菜洗净，切末。❷ 置锅火上，锅中加入适量油烧热，下入海米爆香，然后放入冬瓜略炒。❸ 锅中加入适量清水，大火煮开后转小火，煮至冬瓜半透明。❹ 加入适量盐和鸡精调味，最后撒入香菜末即可。

冬菇海蜇汤

原 料：海蜇 120 克，五花肉 75 克，水发冬菇 50 克。

调 料：油、盐、葱、姜、香油、高汤各适量。

做 法：❶ 将海蜇清洗干净，切条后焯水备用；五花肉洗净，切片；冬菇洗净，切片；葱洗净，切段；姜洗净，切片。❷ 置锅火上，锅中加适量油烧热，下入葱段、姜片爆香，放入五花肉煸炒一下。❸ 锅中注入适量高汤，加入海蜇、冬菇煮熟。❹ 根据自己的口味，加入适量盐来调味，最后淋入香油即可。

小贴士：海蜇在热水中烫一下即可，否则会严重缩水；如果不喜欢吃肉，也可以不加五花肉。

胡萝卜香菇海蜇煲

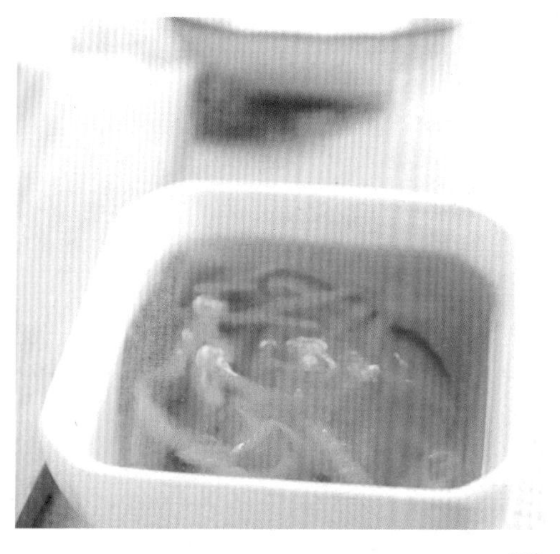

原 料：胡萝卜 120 克，海蜇皮 100 克，香菇 50 克。

调 料：油、姜、葱、盐、味精各适量。

做 法：❶ 将胡萝卜洗净，切丝；海蜇皮用清水泡发，去杂洗净，切丝备用；香菇洗净，去蒂切丝；姜洗净，切丝；葱洗净，切末。❷ 置锅火上，加油烧热，放入姜丝、葱末爆香，加入胡萝卜丝、海蜇丝略炒。❸ 锅中加入适量水，大火煮沸后改小火煮 5 分钟，加入香菇丝，继续煮 5 分钟。❹ 根据自己的口味，加入适量盐和味精调味即可。

蜇头马蹄汤

原料：荸荠60克，海蜇头60克。

调料：盐适量。

做法：❶将海蜇头用清水泡发，洗净，切丝；荸荠去皮，洗净。❷将处理好的海蜇头和荸荠一起放入砂锅中，加入适量清水，一起煮大约半个小时左右。❸根据自己的口味，在汤中加入适量盐调味即可。

小贴士：海蜇头一般都是用浓盐水浸泡储存，因此食用之前，要用清水反复冲洗多遍才能洗去咸味。

海鲜菠菜粉丝煲

原料：菠菜200克，海米10克，粉丝30克，鱼丸、蟹棒各100克。

调料：葱末、姜丝、盐、香油各适量。

做法：❶菠菜洗净后切成3段；海米用温水泡软，洗净，控干水分；粉丝放入温水中浸泡备用；姜洗净，切成丝；葱洗净，切成葱花。❷锅中加入适量清水，放入姜丝和海米，大火煮沸后放入鱼丸和蟹棒，煮5分钟。❸放入已经泡软的粉丝、菠菜，煮沸后再略煮一下。❹加入适量盐调味，最后淋入香油，撒上葱花即可。

海鲜豆腐汤

原料：鱿鱼80克，虾仁70克，豆腐150克，鸡蛋1个，香菜少许。

调料：盐适量。

做法：❶将鱿鱼洗净，切成段之后焯水备用；虾仁洗净；豆腐切成小块；鸡蛋打入碗中搅散；香菜洗净，切成段。❷置锅火上，锅中加入适量水，放入鱿鱼段、虾仁、豆腐块，大火煮开后改小火，煮至所有食材熟透。❸锅中倒入鸡蛋液，一边倒一边搅动。❹根据自己的口味加入适量盐调味，最后撒上香菜即可。

第6天

焖出美味养生菌藻豆汤

蘑菇鲜素煲

原料：鲜蘑菇100克，豆腐250克，净莴笋头50克，番茄100克，水发海带50克，鸡蛋1个，黄花、木耳各适量。

调料：盐、胡椒粉、味精、葱花、香油、油各适量。

做法：

1. 蘑菇洗净，去蒂切片；黄花、木耳泡发后择洗干净；海带、莴笋切丝；番茄洗净，去皮、去籽，切厚片。
2. 豆腐切厚片，用开水焯一下备用；鸡蛋打入碗中搅拌成蛋液。
3. 锅中加入少许油，倒入蛋液，煎成蛋皮。
4. 将蛋皮取出，切成菱形片备用。
5. 置锅火上，倒入适量清水和少许油，加入适量盐，大火煮沸。
6. 放入处理好的蘑菇、黄花、木耳、海带、莴笋、番茄、豆腐和蛋皮，煮至所有食材都熟透。
7. 放入胡椒粉、味精调味。
8. 最后撒上葱花，滴入香油即可。

小贴士：不喜欢吃肉的人可以尝试一下这款汤品，如果喜欢吃清淡一点儿的口味，可以不加油、香油、胡椒粉等。

小豆年糕汤

原料：赤小豆 100 克，花豆 50 克，年糕片适量。

调料：盐、白砂糖各适量。

做法：

① 将赤小豆和花豆分别洗净，放在清水中浸泡 3 个小时。

② 锅中加入适量清水，将泡好的赤小豆和花豆放入锅中，大火煮沸。

③ 然后转小火加盖煮 1 个半小时左右，直至豆子熟软，汤水浓稠。

④ 加入适量盐和白砂糖，继续煮 5 分钟。

⑤ 将年糕片在平底锅中煎熟至软。

⑥ 将煎软的年糕片放入汤中稍煮即可。

小贴士：小豆年糕汤是一款比较常见的日式料理，在做汤时，年糕片可不煎直接放入汤中煮。

双椒豆腐煲

原 料：豆腐 300 克，青剁辣椒、红剁辣椒各适量。

调 料：姜、豆瓣酱、盐、蒜、油各适量。

做 法：

❶ 豆腐洗净后切块。

❷ 青、红剁椒切末，姜切成末，蒜切末。

❸ 锅中加油烧热，下入豆腐块，中小火煎至两面金黄。

❹ 将豆腐块盛出备用。

❺ 锅中下入青、红剁辣椒末，姜、蒜以及豆瓣酱，炒出香味。

❻ 倒入煎好的豆腐块，翻炒均匀。

❼ 加入适量的水，大火煮沸后小火煮至豆腐入味。

❽ 出锅前加入适量盐调味即可。

小贴士：做双椒豆腐煲的时候要用北豆腐。北豆腐又称卤水豆腐，比南豆腐质地要坚韧一些，也更加耐炖。

青豆火腿年糕汤

原 料：年糕片适量，火腿、玉米粒、青豆、胡萝卜各50克。

调 料：油、胡椒粉、盐、麻油各适量。

做 法：

1. 将年糕煮透，再用冷水冲洗一下备用。
2. 胡萝卜洗净，切丁；玉米粒洗净；火腿切丁。
3. 青豆洗净，用开水焯一下。
4. 锅中放油，烧热将火腿放入，煸炒出香味，加入适量清水。
5. 将青豆、玉米、胡萝卜放入，煮至所有食材熟透。
6. 再放入年糕片略煮，放盐和少许胡椒粉调味，出锅前淋入麻油即可。

小贴士：年糕事先煮好并过水可以防止其煮得过于黏软，影响口感；如果买不到年糕片，也可以买整块的年糕自己切。

蘑菇豆芽肉汤

原料：黄豆芽300克，蟹味菇、五花肉、洋葱各适量，鸡蛋1个。

调料：油、盐、干辣椒各适量。

做法：

❶ 将黄豆芽、蟹味菇择洗干净。

❷ 五花肉洗净切片；鸡蛋打入碗中，搅散；洋葱剥皮，切丝。

❸ 锅中加入少许油烧热，放入洋葱丝炒香。

❹ 然后放入五花肉，炒至变色。

❺ 将干辣椒和蘑菇放入锅中煸炒片刻。

❻ 放入黄豆芽煸炒。

❼ 锅中倒入适量水，煮至黄豆芽熟透。

❽ 将蛋液缓缓倒入锅中，边倒边搅拌，出锅前加盐调味即可。

小贴士：选购豆芽时可以嗅一下豆芽上的气味，好的豆芽闻起来很清爽，而有异味的豆芽则是不正常的。另外，豆芽一定要煮熟才能吃。

口蘑汤

原料：口蘑200克，鸡蛋1个，菠菜适量。

调料：油、盐、鸡精、水淀粉各适量。

做法：

❶ 菠菜洗净，切成段。

❷ 口蘑洗净，切成片；鸡蛋打入碗中，搅散。

❸ 锅中加入适量清水，将口蘑放入，煮沸。

❹ 将蛋液倒入锅中，边倒边搅拌。

❺ 当蛋花成型后，放入适量的水淀粉搅匀。

❻ 把菠菜放入锅中煮熟，最后加适量的盐和鸡精调味即可。

小贴士：口蘑口感细腻软滑，既可炒食，又可焯水凉拌，但有种特殊的味道，如果不是很喜欢口蘑的味道，可以将口蘑先焯一下再煮。

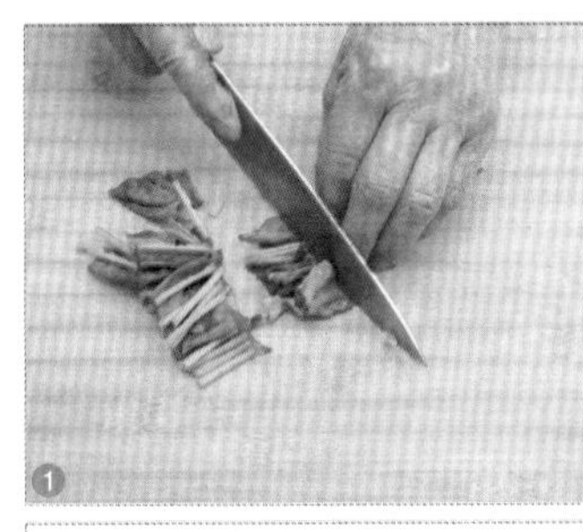

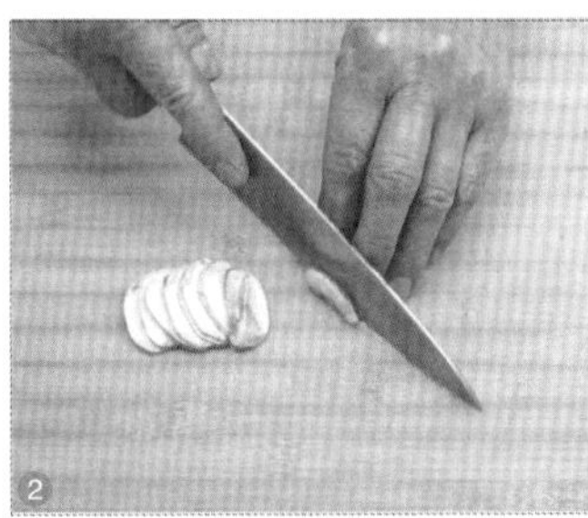

香菇疙瘩汤

原料：小麦面粉50克，鸡蛋1个，鲜香菇10克，胡萝卜20克，菠菜30克。

调料：盐、香油各适量。

做法：

1. 菠菜洗净，焯水后切碎。
2. 香菇洗净，去蒂，切成丁。
3. 胡萝卜洗净，去皮，切成薄片。
4. 鸡蛋打入碗中，搅散。
5. 面粉里加少量水，朝一个方向搅拌成面疙瘩。
6. 锅内加入适量水烧开，放入香菇丁、胡萝卜片煮2分钟，下入面疙瘩，煮沸。
7. 将蛋液缓缓倒入锅中，搅成蛋花。
8. 放入菠菜，煮沸后再加入适量盐调味，最后淋上香油即可。

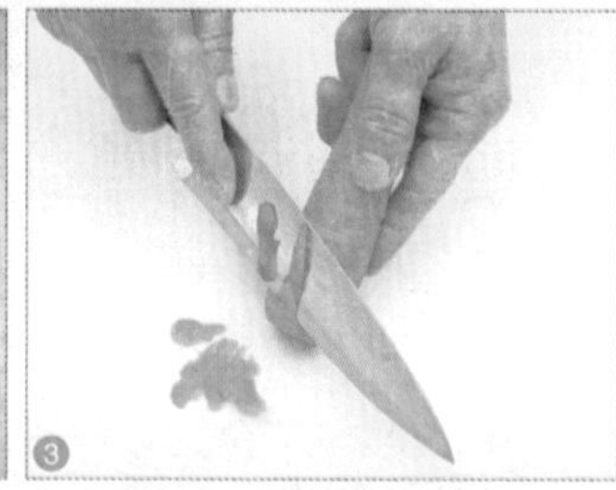

小贴士：如果是使用干香菇来制作这道菜，不宜用凉水和开水来泡发香菇，宜用80℃的水来泡发香菇，这样既能激发出香菇中的香味，也能快速泡发香菇。

鲜菇虾丸汤

原料：鲜蘑菇250克，虾仁150克，生菜150克。

调料：姜、料酒、盐、味精、芝麻油、高汤各适量。

做法：

❶ 鲜蘑菇洗净，焯水后切成小丁；生菜洗净，切成段；虾仁洗净，剁成虾蓉，放入碗内，加水、料酒、盐，搅匀成虾仁馅料。

❷ 锅内放入适量清水，将虾仁馅挤成丸子，下入锅中。

❸ 用小火慢慢煮熟，然后捞出虾丸备用。

❹ 置锅火上，再倒入高汤，放入蘑菇丁和生菜，加入料酒、盐、味精煮沸。

❺ 下入煮好的虾丸，再次大火煮沸。

❻ 出锅前淋上芝麻油即可。

小贴士：在制作用来做丸子的鲜虾馅料时，也可以在虾肉中加入少许猪肥肉，这样做能够让丸子的味道更加丰富。

山珍什菌煲

原料：猴头菇 100 克，竹荪 150 克，香菇 100 克，口蘑 100 克适量。

调料：葱、姜、盐、胡椒粉、料酒、清汤、鸡油各适量。

做法：

❶ 猴头菇、竹荪用水泡发好，择洗干净。

❷ 香菇、口蘑用水清洗干净，撕成小块。

❸ 将择洗干净的猴头菇、竹荪、香菇、口蘑在沸水锅中焯熟。

❹ 所有菌类捞出沥干备用。

❺ 葱洗净后切成葱花，姜洗净后切成姜片。

❻ 置锅火上，下入鸡油烧热，放入葱花和姜片炒香后注入适量清汤，加入料酒，大火煮沸。

❼ 依次放入竹荪、猴头菇、香菇、口蘑，煮沸。

❽ 根据自己的口味，加入适量盐和胡椒粉调味，继续煮 30 分钟左右即可。

❶

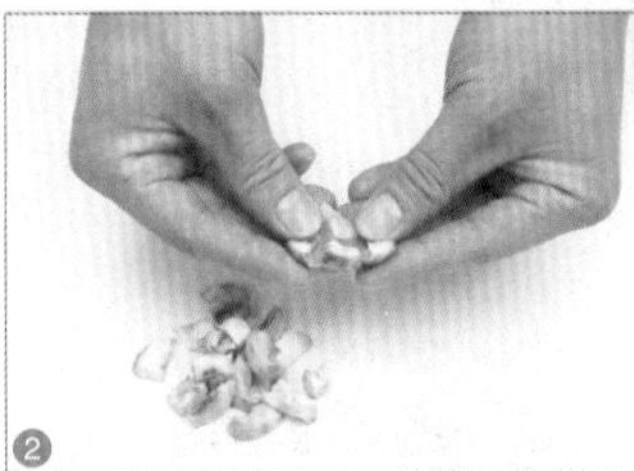
❷

❸

❹

❺

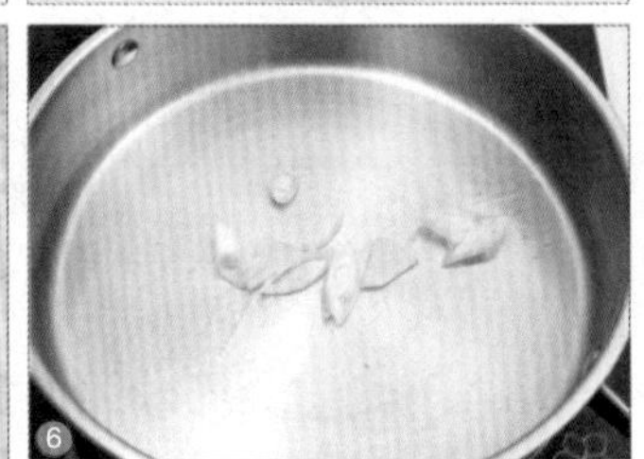
❻

❼

❽

小贴士：这道汤中的材料中包括猴头菇和竹荪等珍贵食材，如果买不到的话，可以根据自己的喜好做适当调整。

罗汉豆腐汤

原料：豆腐25克，水发木耳25克，黄瓜25克，水发香菇25克，白菜100克，水发粉丝100克。

调料：淀粉15克，面粉50克，葱花、胡椒粉、盐、鸡精、香油各适量，素汤1000毫升。

做法：

❶ 将葱洗净，切成葱花；豆腐捣成碎泥。

❷ 豆腐泥中加入淀粉、面粉、胡椒粉、鸡精、盐、葱花调成糊状。

❸ 白菜、木耳、黄瓜、香菇分别洗净，切成丝。

❹ 置锅火上，加适量油烧热，将搅拌好的豆腐泥挤成丸子，下入七成热油锅中，炸至呈金黄色捞起。

❺ 锅中加素汤，烧开，下入木耳、黄瓜、香菇、粉丝、白菜和豆腐丸子。

❻ 大火煮开后转小火，将所有食材煮熟后加入适量盐和鸡精，煮沸即可。

小贴士：炸豆腐丸子时要注意火候，以免将丸子炸焦，如果嫌做豆腐丸子麻烦的话，也可以直接使用豆腐块来做这道汤。

金针菇豆角汤

原料：豆角400克，金针菇150克。

调料：色拉油、高汤、盐、鸡精、香油、胡椒粉、大葱各适量。

做法：❶ 豆角择洗干净，去除老筋，切成丝；金针菇去根，洗净；大葱洗净，切丝。❷ 锅置火上，加入色拉油烧热，下入葱丝炒香，再下入豆角丝、金针菇，炒至豆角变色。❸ 倒入高汤，加入盐和鸡精调味，大火煮沸后转小火，煮至豆角熟烂。❹ 加入胡椒粉，最后淋入香油即可。

小贴士：此汤有利肝脏、益脾胃的功效。

金针菇鸡块煲

原料：金针菇、鸡块各适量。

调料：油、十三香、料酒、盐、生粉、葱、姜、干辣椒、老抽各适量。

做法：❶ 鸡块洗净，用盐、十三香、料酒、生粉拌匀腌制20分钟；金针菇去根，洗净；葱切成葱花；姜切丝。❷ 油烧至五成热，下入鸡块炸至变色，捞出沥油。❸ 锅内留少许底油，放入葱花和姜丝炒香，加入鸡块和干辣椒翻炒1分钟。❹ 放入金针菇，加适量清水和老抽，加盖焖煮15分钟左右。❺ 出锅前加入少许盐调味即可。

瘦肉金针木耳汤

原料：猪瘦肉60克，金针菜20克，木耳15克。

调料：盐、酱油、生粉各适量。

做法：❶ 猪瘦肉洗净，切片，加入酱油和生粉拌匀，腌制一段时间；将金针菜洗净、去蒂，在清水中浸软；木耳泡发，洗净，去蒂。❷ 把金针菜、木耳放人锅内，加清水适量，煮5分钟。❸ 再将猪瘦肉片放入锅中，大火煮开后小火，煮至猪肉熟透。❹ 根据自己的口味，加入适量盐调味即可。

小贴士：应避免购买黄灿灿、色泽诱人的金针菜，这些金针菜多数被硫黄泡过。

平菇海米凤丝汤

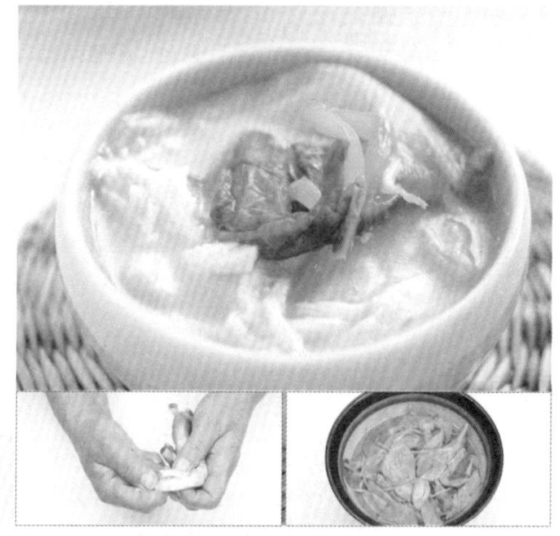

原料：平菇100克，熟鸡丝50克，豌豆苗15克，鸡清汤750克。

调料：熟鸡油、味精、绍酒、盐、姜汁各适量。

做法：❶将平菇放温水中洗净，去蒂后用开水焯一下；豌豆苗洗净。❷汤锅置旺火上，倒入鸡清汤，下熟鸡丝、平菇煮沸。❸锅中放入绍酒、盐、豌豆苗、姜汁，撇去浮沫，盛入大汤碗内。❹淋入熟鸡油。

小贴士：豌豆苗供食部位一般是嫩梢和嫩叶。注意豌豆苗煮汤时不要久煮。

黑豆枸杞子汤

原料：黑豆30克，枸杞子20克。

调料：白砂糖适量。

做法：❶将黑豆洗净，放在清水中泡涨；枸杞子清洗干净。❷锅置火上，倒入适量清水煮沸，放入黑豆、枸杞子，大火煮沸后转小火，继续煮至熟透。❸根据自己的口味，加入适量白砂糖调味，稍煮一下即可。

小贴士：制作这道汤时，如果偏爱咸的口味的话，也可以将调料中的白砂糖换成盐。

香菜黄豆汤

原料：香菜30克，黄豆50克。

调料：盐、味精、香油各少许。

做法：❶将黄豆洗净，放在清水中泡胀；香菜洗净，切成段。❷锅中加入处理好的黄豆，倒入适量清水，大火煮沸后转小火，煮至黄豆酥烂。❸将香菜段放入锅中，煮沸。❹根据自己的口味，加入适量盐和味精调味，最后淋入少许香油即可。

小贴士：清洗香菜的时候最好先清洗干净，再去掉香菜根，以免农药等杂质将香菜污染；如果喜欢吃肉，可以加上猪小排做成香菜黄豆排骨汤。

苦瓜黄豆煲排骨

原料：苦瓜200克，黄豆80克，猪排骨400克。

调料：姜、盐各适量。

做法：

❶ 苦瓜洗净，去瓤、去籽，切成块；黄豆洗净，浸泡一段时间；排骨洗净，切块后焯去血水；姜洗净，切片。

❷ 锅置火上，加油烧热，下入姜片和排骨爆香。

❸ 加入适量清水，放入苦瓜块和泡好的黄豆，大火煮沸后转小火煮1小时。

❹ 出锅前根据自己的口味，加入适量盐调味即可。

小贴士：苦瓜有清凉去火的功效，但如果觉得苦瓜太苦的话，可先把苦瓜焯一下水再炖，能有效减少苦味。

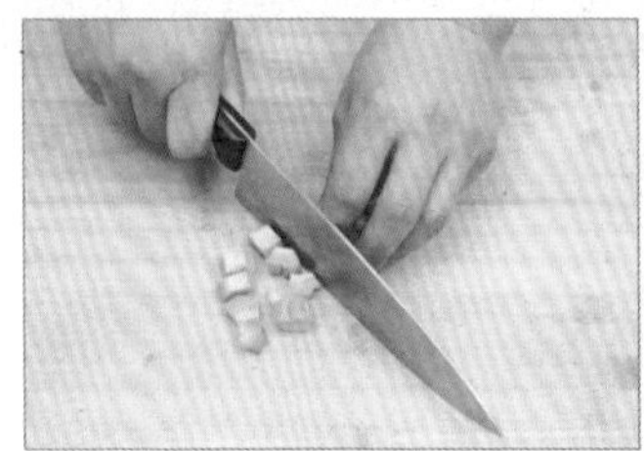

木耳豆腐汤

原料：水发木耳100克，毛豆腐1盒。

调料：油、盐、葱各适量。

做法：❶ 木耳泡发，洗净后去蒂；从盒中取出毛豆腐，切成大块；葱洗净，切成葱花。❷ 锅中放入适量油，加热后下入毛豆腐块炸一下。❸ 另取一锅，倒入适量清水，放入处理好的木耳，大火煮沸。❹ 然后放入炸好的毛豆腐，再次煮沸。❺ 加适量盐调味，继续煮至所有食材都熟透，最后撒上葱花即可。

小贴士：毛豆腐是通过人工发酵法，使豆腐表面生长出一层白色茸毛。

银耳瘦肉羹

原料：猪瘦肉500克，银耳20克。

调料：香菜、色拉油、生抽、盐、白砂糖、玉米淀粉各适量。

做法：❶银耳泡发，洗净，去蒂，撕成小朵；猪瘦肉洗净，切成块；姜洗净，切片；香菜洗净，切末。❷锅置火上，下色拉油烧热，放入姜片爆香，加入适量清水煮开，放入银耳煮10分钟。❸放入猪瘦肉，煮至猪肉熟透。❹加入盐、生抽、白砂糖调味，然后用水将玉米淀粉勾芡，最后撒上香菜末即可。

菠菜银耳羹

原料：菠菜200克，干银耳20克。

调料：姜、盐、料酒各适量。

做法：❶菠菜洗净，去叶留根；银耳温水泡发洗净后撕成小朵；姜洗净，切片。❷将处理好的银耳放入锅中，加适量水，大火煮开后转中小火，继续煮至汤汁黏稠。❸加入姜片炖煮10分钟后加入菠菜根，煮至菠菜熟。❹根据自己的口味，加入盐和料酒稍煮一下即可。

小贴士：菠菜叶不耐煮，做汤要最后放入；用焯过的菠菜煮汤，更需缩短煮制时间。

银耳鸡汤

原料：鸡汤300毫升，银耳20克。

调料：胡椒粉少许。

做法：❶银耳泡发洗净，去蒂后撕成小朵。❷锅中加入鸡汤和银耳，大火煮沸。❸将锅中的鸡汤和银耳取出，倒入蒸碗中，放入锅中小火蒸1小时左右。❹取出蒸碗，加入少许胡椒粉即可。

小贴士：如果口味比较重的话，也可以在鸡汤中加少许盐；如果没有现成的鸡汤，可以买鸡架或鸡加上银耳炖制。

银耳猪骨煲

原 料：银耳20克，猪骨500克，香菇10克，枸杞子5克。

调 料：姜、盐各适量。

做 法：❶将猪骨用沸水焯一下；银耳泡发，洗净，去蒂后撕成小朵；香菇泡发，洗净；枸杞子洗净；姜洗净，切片。❷在电压力锅中加入适量清水，将处理好的猪骨、姜片、银耳、枸杞子、香菇放入锅中，按下"煮汤键"煲大约40分钟。❸出锅前根据自己的口味加入适量盐调味即可。

桂圆银耳汤

原 料：干银耳15克，桂圆肉15克。

调 料：冰糖适量。

做 法：❶银耳泡发，去蒂洗净后撕成小朵，沸水汆烫后加清水上屉蒸熟；桂圆肉洗净，切丁。❷置锅火上，锅中加入适量清水煮沸，放入冰糖煮化。❸将蒸熟的银耳和桂圆丁放入锅中，煮沸即可。

小贴士：选购银耳的时候要选择肉相对厚，而且花朵齐全完整的；泡发银耳的时候一定要掌握好量，因为泡发后的银耳和干银耳体积相差很大。

味噌海带汤

原 料：海带芽15克，豆腐100克。

调 料：姜5克，葱3克，味噌1大匙，麻油少许。

做 法：❶海带芽泡发，洗净；豆腐切小块；姜洗净，切末；葱洗净，切成葱花；味噌和冷开水按照1:2的比例调匀。❷锅内倒入适量清水，加入姜末煮开，放入海带芽，煮大约2分钟。❸放入豆腐块，倒入味噌调味料，小火煮至豆腐熟透。❹撒上葱花，滴少许麻油即可。

小贴士：做汤之前，海带芽一般用清水泡发20分钟就可以了。

海带红萝卜排骨汤

原料：排骨300克，干海带30克，红萝卜50克。

调料：盐、姜各适量。

做法：

❶ 海带泡发，洗净；红萝卜洗净，切成块；排骨切块，焯水，洗净；姜洗净，切片。

❷ 锅中加适量水，放入排骨和姜片，煮沸后撇去浮沫。

❸ 把洗干净的海带和红萝卜一起下锅，大火煮开后转小火煮1个小时左右。

❹ 最后加入适量盐调味即可。

小贴士：排骨如果不焯水直接入锅的话，要冷水下锅，煮开再撇去浮沫，这样煮出的肉质更好，汤味也更好。

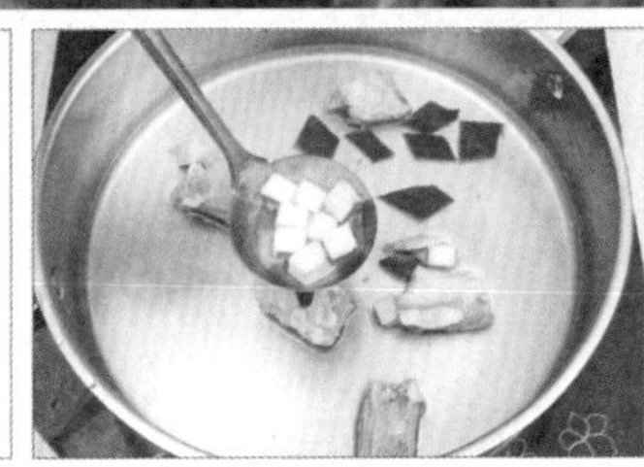

海带豆泡汤

原料：豆泡200克，海带结150克，蘑菇50克。

调料：姜、盐各适量。

做法：❶ 豆泡块挤干水分；海带结洗净；蘑菇洗净，撕成小片；姜洗净，切片。❷ 锅中油烧热后，放入豆泡，煎至表面发黄。❸ 倒入水，放入海带结、姜片，煮沸后转小火煮15分钟。❹ 加入蘑菇，继续煮15分钟，出锅前加盐调味即可。

小贴士：如果觉得海带结难以清洗干净，也可以自己买海带来做海带结；这道汤也可以用高汤代替清水，做出的汤更具风味。

味噌豆腐汤

原 料：豆腐150克，冻豆腐50克。

调 料：味噌适量，葱、糖、米酒、香油各少许。

做 法：❶ 豆腐切成小块，焯水备用；葱洗净，切成葱花；味噌加入适量水，调匀；冻豆腐洗净，切块。❷ 锅中加入适量水煮沸，将两种豆腐放入锅中，再次煮沸。❸ 将味噌加入锅中，煮沸，再加入糖、米酒煮开。❹ 出锅前撒上葱花，淋入香油即可。

小贴士：味噌是一种调味料，经常被用来做汤。在做味噌豆腐汤的时候，如果喜欢的话，也可以在汤中加入干海藻和鱼露等。

玉米豆腐汤

原 料：豆腐200克，虾仁20克，玉米50克。

调 料：盐、鸡精各适量。

做 法：❶ 豆腐切块，焯水；虾仁洗净备用；玉米切成小块。❷ 锅中加入适量水，煮沸后放入玉米，煮5分钟左右。❸ 放入豆腐，大火煮至豆腐熟透，然后放入虾仁略煮。❹ 最后根据自己的口味，加入适量的盐和鸡精调味即可。

小贴士：汤中的虾仁可以直接买现成的，也可以买鲜虾去皮洗净后放入，如果不喜欢吃虾仁，也可以不放。

白菜蘑菇煲五花肉

原 料：猪五花肉200克，白菜叶100克，鲜蘑菇100克。

调 料：盐、酱油各适量。

做 法：❶ 将猪五花肉洗净，切块；白菜叶洗净，切块，鲜蘑菇洗净，切成条。❷ 置锅火上，倒入适量清水，加入少许盐和酱油，放入五花肉，大火煮沸，撇去浮沫。❸ 下入白菜叶、鲜蘑菇条，大火煮沸后转用小火煮至白菜、蘑菇都熟透即可。

小贴士：带皮五花肉煲出的汤会比较油腻，因此煲汤前最好将五花肉的皮去掉。

白玉豆腐汤

原 料：南豆腐500克，生菜200克，鸡蛋1个，肥猪肉100克。

调 料：水淀粉适量，盐2克，味精2克，胡椒粉1克，鸡高汤1000毫升。

做 法：❶ 将豆腐用纱布包好，挤压过滤成泥状，加盐搅拌成糊状；肥肉剁蓉。❷ 在豆腐糊中加入水淀粉、鸡蛋清、猪肉蓉拌匀，入笼蒸熟，取出凉凉，切成三角形厚片。❸ 生菜叶焯水后放在大汤碗中铺底，将加热的豆腐片扣在上面。❹ 鸡高汤中加入盐、胡椒粉、味精，煮沸后浇在豆腐片、生菜叶上。

豆泡白菜汤

原 料：大白菜300克，豆泡150克。

调 料：生抽、葱、油、胡椒粉、盐各适量。

做 法：❶ 白菜洗净，切块，将白菜帮和白菜叶分开放置；葱洗净，切成葱花。❷ 锅置火上，加少许油，放入葱花爆香，然后将豆泡放入锅中稍煎一下。❸ 放入白菜帮翻炒一下，再加入白菜叶翻炒。❹ 锅中倒入适量清水，大火煮沸后转小火，炖煮至所有食材都熟透。❺ 加入生抽、盐、胡椒粉调味，稍煮一下，撒上葱花即可。

小贴士：可以加点儿虾米、肉片、粉丝等食材。

绿豆百合汤

原 料：绿豆60克，百合50克。

调 料：葱花5克，盐、味精各适量。

做 法：❶ 将绿豆洗净，放入清水中浸泡一段时间；百合洗净，泡软。❷ 置锅火上，加入适量清水，大火煮沸。❸ 锅中加入处理好的绿豆、百合，大火煮沸后撇去浮沫，改用小火煮至绿豆开花、百合瓣熟烂。❹ 出锅前加入适量盐和味精调味，最后撒上葱花即可。

小贴士：如果用新鲜百合煮汤，应选个大、外表玉色或淡黄色、无虫斑、无霉变、无烂心的。

绿豆马齿苋汤

原 料：鲜马齿苋 100 克，绿豆 40 克。

调 料：盐适量。

做 法：❶ 将马齿苋择洗干净；绿豆洗净，浸泡在清水中备用。❷ 锅中加入适量清水，煮沸，放入绿豆，再次大火煮沸后转小火，煮至绿豆熟烂。❸ 将处理好的马齿苋加入锅中，煮沸。❹ 出锅前根据自己的口味，加入适量盐调味即可。

小贴士：马齿苋具有清热利湿、止渴利尿的作用，在用其做汤的时候，不用煮太久，煮熟即可。

菜花黄豆汤

原 料：菜花 300 克，水发黄豆 20 克。

调 料：香菜 10 克，葱、花椒、盐、鸡精、香油、清汤各适量。

做 法：❶ 将菜花洗净，切成大块；水发黄豆洗净备用；葱洗净，切成葱丝；香菜洗净，切成段。❷ 锅内倒入适量清汤，放入黄豆、花椒，大火煮熟后拣出花椒。❸ 再放入菜花，大火煮沸后转小火，煮至菜花变软。❹ 加入盐和鸡精，再煮片刻，最后撒上香菜段、葱丝，淋上香油即可。

山楂绿豆汤

原 料：山楂干、扁豆各 10 克，绿豆 30 克。

调 料：葱花、盐、鸡精各适量。

做 法：❶ 山楂干、扁豆、绿豆分别洗净，用温水泡软。❷ 将处理好的绿豆放入砂锅中，加入适量清水，大火煮开后转小火，煮至八成熟。❸ 加入山楂干、扁豆，大火煮开后转小火，煮至所有食材都熟烂。❹ 根据自己的口味，加入适量盐和鸡精调味，最后撒上葱花即可。

小贴士：也可以在这道汤中加入厚朴花，在放山楂和扁豆的时候将厚朴花一同放入锅中炖煮。

葱豉豆腐汤

原 料：豆腐 500 克，葱白、淡豆豉各适量。

调 料：盐、酱油、味精、姜各适量。

做 法：

❶ 将淡豆豉洗净；葱白洗净，拍扁切段；豆腐洗净，沥干水分，切成块；姜洗净，切丝。

❷ 锅中放油烧热，加入豆腐块略煎一下，放入淡豆豉和姜丝，倒入适量清水，大火煮沸后小火煮 30 分钟。

❸ 将葱白段加入锅中，煮出香味。

❹ 最后根据自己的口味，加入适量盐、味精和酱油调味即可。

小贴士：将葱白拍扁之后再切段，有助于在煲汤时将葱白的香味充分煮出；淡豆豉是用大豆的成熟种子发酵制成的加工品，在一些大的超市可以买到。

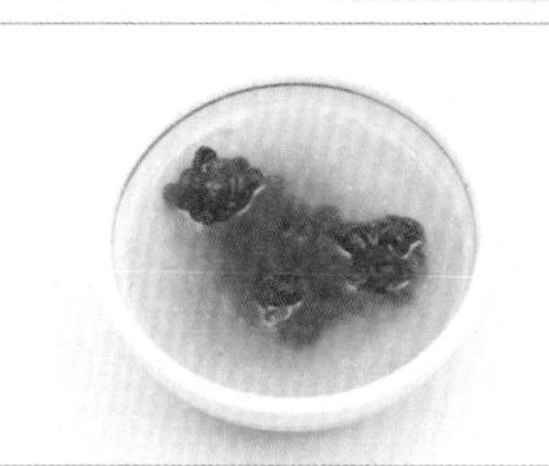

绿豆海带汤

原 料：海带 100 克，绿豆 150 克。

调 料：陈皮、冰糖各适量。

做 法：❶ 将海带用清水泡透，再用流水洗净去掉沙粒和咸味；绿豆、陈皮分别用清水洗净。❷ 砂锅中倒入适量清水，将处理好的海带、绿豆、陈皮放入锅中，大火煮沸。❸ 汤水滚开后，改用中火，继续煲至绿豆熟烂开花即可，加入适量的冰糖提味。

小贴士：使用绿豆之前，可以将绿豆泡发去皮，再加入锅中与其他食材一起煲汤，这样做出的绿豆海带汤虽然较稀，但味道更甜一些。

红豆甘薯汤

原料：赤小豆 80 克，红薯 300 克。

调料：冰糖适量。

做法：❶ 将赤小豆洗净，浸泡一夜；红薯去皮，洗净，切成块。❷ 锅内倒入适量清水，放入赤小豆，大火煮沸后转小火，煮至赤小豆半熟。❸ 再放入红薯块和冰糖，大火煮开后用中火炖 30 分钟即可。

小贴士：吃完红薯后有时会发生烧心、吐酸水、肚胀、排气等现象，所以一次不宜吃得过多。

双耳汤

原料：木耳、银耳各 10 克。

调料：冰糖 30 克。

做法：❶ 将木耳、银耳分别用温水泡发，去除蒂柄及杂质，洗净后撕成小朵备用。❷ 将处理好的木耳和银耳放入碗中，加入适量清水和冰糖，放入蒸锅中隔水蒸 1 个小时左右，至木耳和银耳完全熟烂，即可取出食用。

小贴士：这道汤甜腻可口，可以一次性多放些木耳和银耳在一个较大的炖盅之中，一次做足多次食用的量。

紫薯银耳汤

原料：紫薯、银耳各适量。

调料：冰糖适量。

做法：❶ 紫薯洗净，去皮，切成小丁；银耳泡发，洗净，去蒂后撕成小朵。❷ 将银耳放入锅内，加足量水，大火煮开后转小火炖煮 1 小时，煮至银耳软烂。❸ 再加入紫薯丁和冰糖，继续煮 45 分钟，煮至紫薯熟透，汤汁黏稠即可。

小贴士：炖煮银耳的时候一定要加足水，不要中途加水；另外，银耳只有用小火慢炖才能炖出胶质，使得汤汁黏稠。

三豆汤

原 料：绿豆、赤小豆、黑豆各 20 克。

调 料：冰糖适量。

做 法：①将绿豆、赤小豆、黑豆洗净，放入煮锅中，加入 600 毫升清水，大火煮沸后转小火，继续煮 40 分钟。②根据自己的口味加入适量冰糖继续煮，煮至冰糖溶化、汤减少到大约 300 毫升。③关火，待汤凉凉，即可食用。

小贴士：如果希望煮汤的时间缩短的话，可以将绿豆、赤小豆、黑豆洗净之后在清水中浸泡一段时间，然后再用来煮汤。

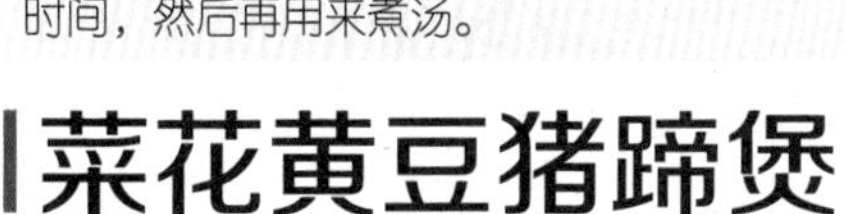

菜花黄豆猪蹄煲

原 料：黄花菜 50 克，黄豆 50 克，猪蹄 1 只。

调 料：葱丝、香菜末、花椒、酱油、盐、鸡精、香油各适量。

做 法：①将猪蹄洗净，焯水；将黄花菜洗净，切成大块；黄豆洗净备用。②锅内倒入适量清水，放入猪蹄、黄豆、花椒，大火煮至猪蹄、黄豆熟透，拣出花椒。③放入菜花，大火煮沸后转小火，煮至黄花菜变软。④放入酱油、盐，稍煮片刻，加上鸡精，最后撒上香菜末、葱丝，淋上香油即可。

南瓜青豆汤

原 料：南瓜 300 克，青豆 100 克，枸杞子 5 克。

调 料：清汤、植物油、葱粒、盐、鸡精各适量。

做 法：①将南瓜洗净去瓤，切成小块；青豆洗净；枸杞子洗净，用温水泡软备用。②锅内倒植物油烧至六成热，放入葱粒煸香，放入青豆炒片刻。③锅中放入南瓜，倒入适量清汤，大火烧沸后放入枸杞子，转小火煮 30 分钟。④最后加入适量盐和鸡精调味即可。

小贴士：南瓜的黄和青豆的绿在这道汤中相映成趣，如果买不到新鲜青豆，也可用速冻青豆。

黑豆炖海带

原料：鲜海带200克，黑豆100克，瘦猪肉100克。

调料：姜、葱、盐各适量。

做法：

1. 把黑豆洗净；猪瘦肉洗净，切成块。
2. 海带洗净，切成丝；姜洗净，切片；葱洗净，切段。
3. 将黑豆、猪瘦肉、海带、姜、葱放入锅内，加水600毫升。
4. 大火煮开后撇去浮沫，再以小火炖煮1小时。
5. 根据自己的口味，加入适量盐调味即可。

小贴士：海带不易煮软，所以在浸泡海带的时候可以滴入几滴白醋，这样泡好的海带煮出来的口感更佳。

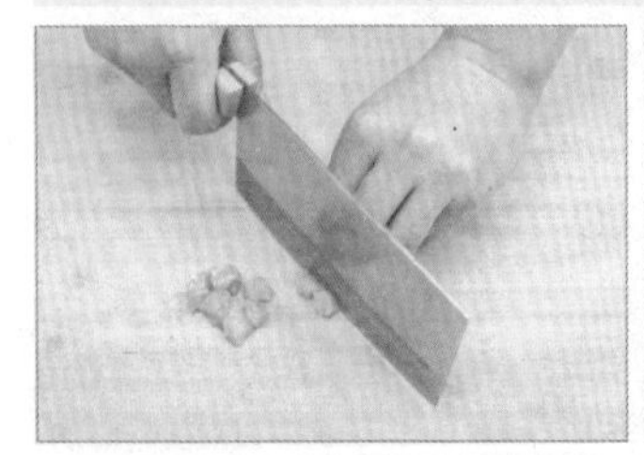

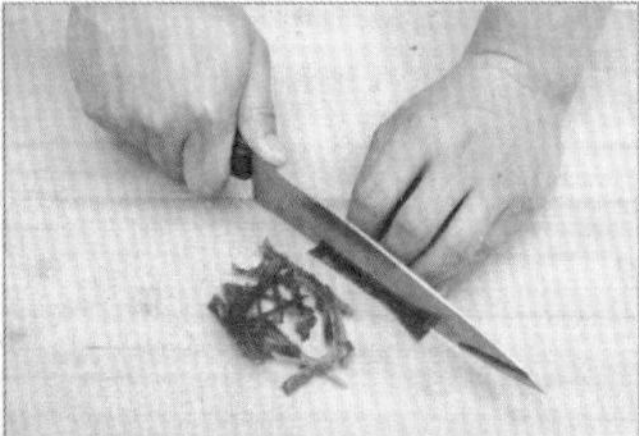

紫菜瘦肉汤

原料：紫菜25克，瘦肉200克。

调料：盐、葱各适量。

做法：①将紫菜用水浸泡洗净；瘦肉洗净后切片；大葱洗净，切末。②锅中加入适量清水，放入瘦肉，大火煮开后再小火，煮至瘦肉熟烂。③将紫菜放入锅中，煮开。④根据自己的口味加入适量盐调味，继续煮一下，最后撒上葱末即可。

小贴士：紫菜营养丰富，含碘量很高，很适宜用来做汤。如果做汤时用的是干紫菜，注意要清洗干净干紫菜内的泥沙 。

裙带菜豆腐汤

原料：豆腐300克，裙带菜、蘑菇各适量。

调料：葱、盐、白胡椒粉、高汤各适量。

做法：❶ 裙带菜泡发、洗净后剪成段备用；蘑菇洗净，去蒂，撕成小块；豆腐切成块；葱洗净之后切成葱花。❷ 锅中放油烧热，加入葱花爆香，倒入高汤，大火烧开。❸ 将豆腐、裙带菜、蘑菇依次放入锅中，大火煮沸后改中火煮5分钟。❹ 出锅前加入适量盐和白胡椒粉调味即可。

小贴士：裙带菜能降低胆固醇，改善和强化血管，选购时以颜色碧绿、少黄叶、味清香者为佳。

苦瓜黄豆梅肉煲

原料：猪里脊肉250克，苦瓜100克，黄豆50克。

调料：姜10克，盐、味精、白砂糖各适量。

做法：❶ 猪里脊肉洗净，切块；苦瓜洗净，去籽，切块；黄豆洗净，浸泡在清水中备用；生姜洗净，切片。❷ 砂锅中倒入适量清水，加入猪里脊肉、黄豆、姜片，大火煮沸后转用中火煲30分钟。❸ 放入苦瓜，加入适量盐、味精、白砂糖调味，继续煲20分钟即可。

小贴士：猪里脊肉又叫腰梅肉，所以这道汤被称为苦瓜黄豆梅肉煲。

花生猪血汤

原料：猪血300克，猪肝50克，花生50克。

调料：八角2个，盐4克，白胡椒粉少许，葱白、陈醋各适量。

做法：❶ 猪血洗净，切成小块；猪肝洗净，切成薄片；花生洗净，用温开水浸泡1小时，捞出备用；大葱取葱白切碎。❷ 锅内放油，加入八角、葱白爆香，然后放入猪血块、猪肝片炒熟。❸ 锅中加入开水1000毫升，煮10分钟，放入花生，继续煮10分钟。❹ 加入盐、白胡椒粉、陈醋，再稍煮一下即可。

番茄花生汤

原料：西红柿300克，花生50克，胡萝卜50克，西芹50克，培根3片，洋葱100克，土豆100克。

调料：蒜、油、盐、白胡椒粉各适量。

做法：❶ 花生煮至熟软；西红柿切丁；洋葱切丁；土豆、胡萝卜切丁；西芹切丁；培根切小片；蒜捣成蒜蓉。❷ 油烧至七成热，放入土豆丁和胡萝卜丁，翻炒2分钟。❸ 放入西芹丁、洋葱丁、培根片和蒜蓉，翻炒至洋葱变软。❹ 西红柿丁翻炒2分钟后加水和花生，大火煮开。❺ 加适量盐和白胡椒粉调味。

四红汤

原料：红枣12颗，花生、红豆各适量。

调料：红糖适量。

做法：❶ 红枣泡软，洗净去核；红豆洗净，在清水中浸泡一段时间；花生洗净。❷ 锅中加入适量清水，放入红枣和花生，煮沸。❸ 再放入泡好的红豆，煮至红豆软烂。❹ 根据自己的口味加入适量红糖调味。

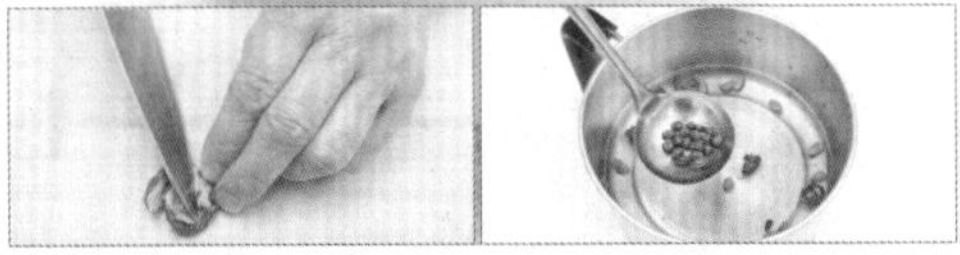

小贴士：四红汤能起到补血益肝、健脾利湿、清热消肿、行水解毒的作用，煮汤时如果第一次没有加入足够的水，也可以在煮红豆时添水。

凤尾菇豆腐煲

原料：凤尾菇100克，水豆腐200克。

调料：盐、味精、葱、香油各适量。

做法：❶ 凤尾菇洗净去杂质，切成薄片；豆腐切成小块，焯水；葱洗净，切成葱花。❷ 锅中加油烧热，放入凤尾菇，煸炒片刻。❸ 倒入清水，放入豆腐块，加入适量盐和味精，烧煮至凤尾菇、豆腐入味。❹ 最后出锅前撒上葱花，淋入适量香油即可。

小贴士：凤尾菇的营养丰富、味道鲜美，用来煮汤时炖煮的时间不应太长，只要入味就可以了，另外做本道汤时也可以用高汤来代替清水。

第7天

煲出清爽香甜水果汤

木瓜西米汤

原料：西米适量，夏威夷木瓜半个。

调料：椰汁1000毫升，白砂糖适量。

做法：

1. 将木瓜切成两半，去掉籽，洗净。
2. 洗好的木瓜再切成条状，除去果皮。
3. 在锅中倒入半锅水煮沸，倒入西米煮2分钟，不断搅拌，以免西米黏锅。
4. 当西米变得外部透明、中间有白芯，捞出。
5. 把西米倒入冷水中冷却。
6. 再加半锅水煮沸，倒进冷却过的西米煮5分钟，直至西米中间白芯消失、变得晶莹剔透时，将西米捞出再冷却一次。
7. 倒掉锅中的水，加1升椰汁烧热，加入适量白砂糖调味。
8. 最后加入煮好的西米和木瓜搅拌均匀。

小贴士：如果喜欢吃冰冻的木瓜西米汤，可将汤摊凉后放入冰箱冷藏一段时间后再食用，在炎热的夏日来一碗尤其合适。

菠萝桃花西米露

原料：菠萝200克，西米适量，桃花瓣（干）少许。

调料：椰浆500毫升，牛奶500毫升。

做法：

1. 菠萝去皮，切丁，用盐水浸泡备用。
2. 锅中加水烧开，倒入西米，煮至中间带白芯时捞出过凉水。
3. 西米第二次倒入沸水中煮至全透明，捞出过凉水备用。
4. 锅中倒入椰浆和牛奶煮沸，把西米倒入椰奶汁中搅拌。
5. 锅中倒入菠萝丁稍煮。
6. 最后撒入桃花瓣即可。

小贴士：西米是用木薯粉、麦淀粉、苞谷粉加工而成的圆珠形粉粒，在煮西米时要用小火，边煮边搅动。

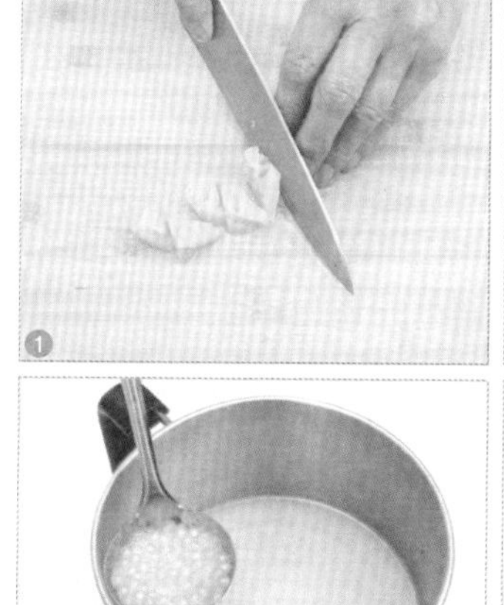

南瓜丸子水果甜汤

原料：南瓜1个，糯米粉100克，弥猴桃50克，梨50克，山楂20克，茯苓10克。

调料：陈皮20克，冰糖适量。

做法：

1. 南瓜洗净，去皮，蒸熟，压成泥。
2. 将南瓜泥和糯米粉揉成团，再搓成小汤圆。
3. 弥猴桃、梨洗净，去皮，切成小块。
4. 山楂、茯苓、陈皮洗净。
5. 将砂锅中加入清水，再加入山楂、茯苓、陈皮和适量冰糖，大火煮开后转小火煮15分钟。
6. 将猕猴桃块和梨块加入锅中稍煮一下。
7. 另起锅，将南瓜小汤圆煮熟。
8. 将南瓜小汤圆倒入上面煮好的水果汤中即可。

1

2

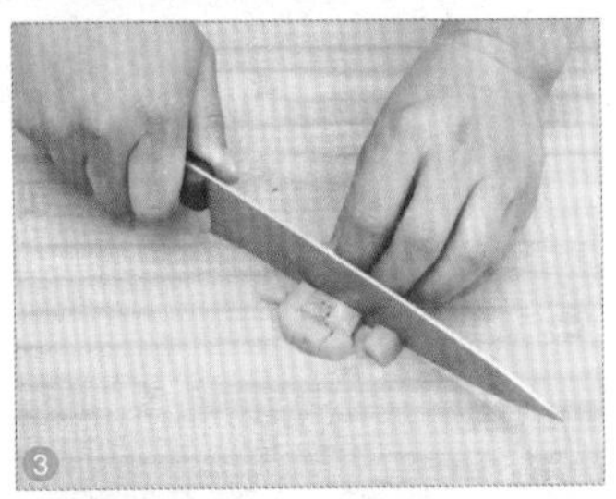
3

4

5

6

7

8

小贴士：南瓜丸子水果甜汤中的主要食材是南瓜和糯米丸子，煮制此汤不一定非要用猕猴桃和梨，也可以按照自己的口味，以其他水果代替。

雪梨桂花甜汤

原料：雪梨500克，汤圆200克，糯米甜酒400克，枸杞子适量。

调料：糖桂花、冰糖各适量。

做法：

① 雪梨洗净，去皮，去核，切成块。

② 将雪梨块和适量水倒入锅中，煮30分钟。

③ 将糯米甜酒和冰糖放入锅中煮开。

④ 锅中放入枸杞子稍煮。

⑤ 再放入汤圆，煮熟。

⑥ 吃前加上一勺糖桂花即可。

小贴士：糖桂花是用鲜桂花和白砂糖精加工而成，广泛用于糕点、甜汤等食品的制作中，用它做出的汤香甜可口。

蜜橘银耳汤

原料：蜜橘80克，银耳25克。

调料：白砂糖15克，淀粉3克。

做法：

1. 将银耳泡发洗净，去掉根。
2. 将蜜橘剥皮，去掉筋络。
3. 将处理好的银耳放入碗中，加少量水。
4. 将放有银耳的碗上笼蒸1小时左右。
5. 另拿一个碗，倒入淀粉，加适量水，调成水淀粉。
6. 将汤锅架在火上，加入适量清水。
7. 将蒸好的银耳、处理好的橘瓣和糖放入汤锅内煮开。
8. 最后加入水淀粉勾芡，待汤再开后即可食用。

小贴士：蜜橘是柑橘的一种，味道甘甜似蜜，在做汤时如果买不到新鲜的橘子，用橘子罐头代替亦可。

牛奶荔枝西米露汤

原料：荔枝5颗，西米、牛奶各适量。

调料：蜂蜜适量。

做法：

1. 将荔枝去壳，去核，留取果肉。
2. 煮好西米，沥水备用。
3. 锅中加入适量牛奶，煮沸。
4. 放入西米，再次煮沸。
5. 将准备好的荔枝果肉放入锅中，稍煮一下。
6. 待汤羹凉凉，拌入少许蜂蜜即可。

小贴士：蜂蜜的营养丰富，味道甘甜，经常被用于甜汤调味，做这道汤的时候，不喜欢吃太甜的话也可以不加蜂蜜。

冰糖水果藕丸羹

原 料：珍珠小圆子50克，火龙果100克，苹果100克，芒果200克。

调 料：藕粉20克，冰糖25克。

做 法：

❶ 苹果、芒果洗净，去皮，去核，切成块；火龙果切开，取果肉，切块。

❷ 藕粉加入清水，调开备用。

❸ 锅中加水，煮开后放入珍珠小圆子，煮10分钟，小圆子浮起后关火焖5分钟。

❹ 珍珠小圆子过凉水备用。

❺ 锅中重新加入清水，放入苹果，煮3分钟；再加入芒果，煮开后撇去浮沫；然后加入火龙果，煮开。

❻ 加入冰糖调味。

❼ 再加入过好水的珍珠小圆子。

❽ 煮开后调入藕粉，搅拌至汤羹浓稠即可。

小贴士：如果买不到现成的珍珠小圆子，也可以用糯米粉自制；煮水果时，应该将比较硬的先放入锅中，绵软的最后再放。

燕麦水果羹

原 料：苹果 200 克，燕麦适量。

调 料：蜂蜜、冰糖各适量。

做 法：

① 将苹果洗净，去皮，切成小圆球或菱形。

② 锅中加入适量清水，倒入苹果块稍煮一下

③ 捞起苹果块备用。

④ 锅中加入适量燕麦，煮至熟透。

⑤ 放入苹果块和冰糖稍煮。

⑥ 把燕麦水果羹凉凉后加入一些蜂蜜调味即可。

小贴士：在超市买到的麦片通常分为免煮麦片和需要煮食的麦片，做汤的话买后一种比较好；你也可以根据自己的喜好，在燕麦水果羹中加入一些牛奶。

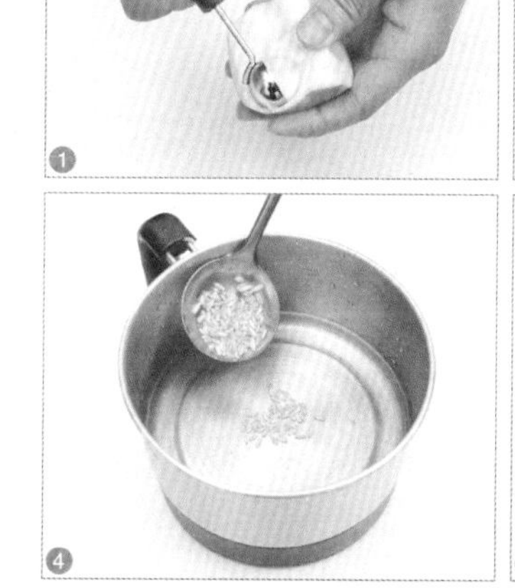

水果甜羹

原 料：苹果150克，香蕉1根，橘子100克，菠萝100克，西米适量，枸杞子少许。

调 料：冰糖适量。

做 法：

1. 将西米煮熟，沥水备用。
2. 苹果洗净，去皮，去核，切成小块；香蕉、菠萝去皮后切成小块。
3. 橘子剥皮，分成小瓣。
4. 锅中加入适量清水，煮开。
5. 放入苹果、菠萝，煮开。
6. 加入橘子和香蕉稍煮。
7. 放入煮好的西米。
8. 最后放入冰糖，煮至溶化即可。

小贴士：可以根据自己的喜好，在此羹中放入猕猴桃或者草莓等；煮制这道羹汤也可以不加入西米。

梨子冷汤

原料：雪梨200克，西红柿150克，苹果150克。

调料：油少许。

做法：

1. 将西红柿洗净，切成小块。
2. 梨、苹果洗净切块。
3. 锅中加入少许油，倒入西红柿煸炒。
4. 当西红柿炒出红汤后，倒入适量清水。
5. 锅中加入梨块、苹果块，大火煮沸；转小火煮15~20分钟，关火。
6. 汤放凉之后，裹上保鲜膜放入冰箱冷藏后，即可食用。

小贴士：可以在汤冰镇后加入几片黄瓜食用，你也可以根据自己的喜好加入冰糖调味。

川贝鸭梨汤

原料：鸭梨300克，川贝20克。

调料：冰糖20克。

做法：❶将鸭梨洗净，去核，切成小块；川贝用温水泡发，洗净。❷将鸭梨块、处理好的川贝放入大碗中，加少许水，上笼用大火蒸5分钟后，转小火蒸约20分钟。❸最后加入冰糖蒸至冰糖溶化即可食用。

小贴士：由于制作这款汤主要是用蒸的工艺，如果你不想喝汤只想食用川贝、鸭梨的话，制作此汤时也可稍微加点儿水。

苹果荸荠汤

原料：雪梨300克，苹果300克，银耳20克，荸荠150克，枸杞子适量。

调料：陈皮适量。

做法：❶雪梨、苹果洗净，削皮，切成块；荸荠洗净，削去外皮；银耳洗净，去蒂，浸泡在清水中；枸杞子洗净。❷锅中放入八分满的水，先放入陈皮，待水煮沸后，放入雪梨块、苹果块、荸荠、银耳和枸杞子，以大火煮约20分钟后，转小火，继续炖约2小时即可。

银耳雪梨汤

原料：雪梨200克，银耳50克，百合少许。

调料：冰糖30克。

做法：❶将雪梨洗净，去皮，切成块；银耳泡发洗净，去除根蒂；百合洗净。❷在锅中加入适量的水，大火烧开后加入银耳，再次开锅后，转中小火煮20分钟。❸加入梨块、冰糖煮大约20分钟，再加入百合，煮15分钟即可。

小贴士：制作此道汤宜使用鲜百合，挑选鲜百合时，要注意选择外表玉色或淡黄色、外层皮饱满无干皱的。

木瓜红枣百合汤

原料：木瓜300克，红枣5颗，百合适量。

调料：蜂蜜适量。

做法：

❶ 木瓜洗净，去皮，去籽，切成块；红枣稍微泡一下，洗净，去核。

❷ 锅置火上，加入适量清水，放入红枣、木瓜块、百合煮至烂熟。

❸ 待汤水稍凉，加入蜂蜜即可。

小贴士：蜂蜜的特性是兑热水会变燥热，兑凉水才是温和的，如果身体本来就燥热，一般不在炖的时候加蜂蜜，要等炖好的木瓜凉一些才加。

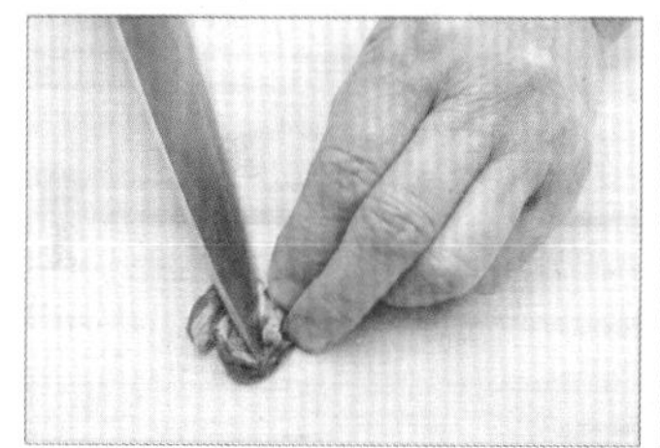

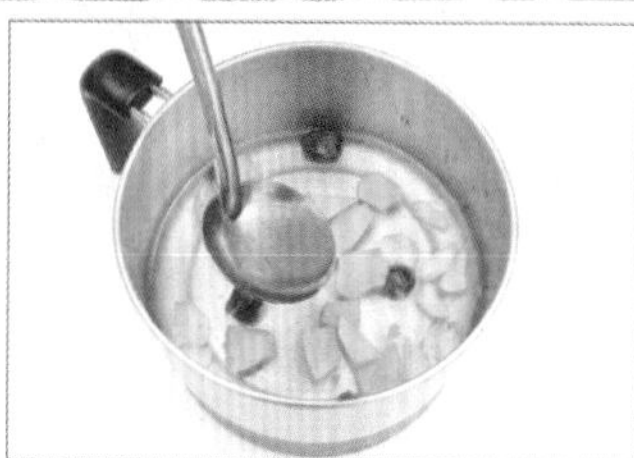

冰镇银耳马蹄羹

原料：马蹄200克，干银耳10克，干莲子20颗，枸杞子适量。

调料：冰糖适量。

做法：❶ 将银耳在冷水中浸泡1小时，变软后去蒂，切碎；枸杞子冷水浸泡后洗净备用；马蹄洗净去皮，切成5毫米大小的粒。❷ 锅中加入清水，放入干莲子、银耳、马蹄，大火煮开后，转成小火，半盖盖子继续煮40分钟，每隔10分钟用勺子沿着同一方向搅拌，以免银耳黏锅底。❸ 将枸杞子倒入，继续炖5分钟，调入冰糖，搅拌至溶化即可。

芒果椰汁黑糯米

原料：芒果300克，黑糯米、椰浆、莲子、百合、枸杞子各适量。

调料：白砂糖适量。

做法：❶黑糯米洗净后泡水备用；芒果去皮，去核，切成小块；莲子、百合、枸杞子洗净。❷将泡好的黑糯米与莲子、百合、枸杞子一起隔水蒸40分钟以上。❸煮熟后加入白砂糖拌匀。❹加入芒果肉拌好，再将椰浆烫热，淋在上面即可食用。

小贴士：可先用芒果核干煲水，捞起后再加入黑糯米，待煮烂后才放芒果肉。

冰镇木瓜甜汤

原料：木瓜300克，甜玉米300克，大豆30克。

调料：冰糖30克。

做法：❶大豆洗净泡水备用；木瓜去皮，去籽，切成块；甜玉米洗净。❷锅中加入清水，把大豆、甜玉米、木瓜加入锅中，煮沸后大火再煮10分钟。❸加入冰糖，转小火再煲40~50分钟即可。

小贴士：冰镇木瓜甜汤中的木瓜和甜玉米都比较容易炖熟，而大豆在使用前要事先泡水，浸泡时间以12个小时以上为宜。

糖水小番茄

原料：小番茄约500克。

调料：冰糖、白砂糖、白醋各适量，盐少许。

做法：❶将小番茄洗净，去掉根蒂，用刀在表面划一道口子。❷锅加水煮沸，将小番茄放入，煮至切口的皮外翻，将其捞出。❸剥掉番茄皮，把剥完皮的小番茄，倒入刚才煮番茄的水中接着煮。❹倒入适量的冰糖，煮至溶化；等小番茄开始浮在水面就将其捞到准备好的容器中。❺加白砂糖、少许盐和几滴白醋，再浇上煮番茄的水，放凉后放入冰箱冷藏后，即可食用。

香蕉百合银耳羹

原 料：香蕉2根，银耳15克，新鲜百合120克，枸杞子5克。

调 料：冰糖适量。

做 法：❶ 银耳泡水2小时，洗净去蒂，撕成小朵；新鲜百合洗净去蒂；香蕉洗净，去皮，切成片；枸杞子洗净。❷ 将银耳放入锅中，大火煮开后改小火慢炖30分钟；再放入百合，煮5分钟。❸ 加入冰糖，煮10分钟，至冰糖溶化。❹ 最后放入枸杞子和香蕉片，煮开即可。

冰糖苹果红枣汤

原 料：苹果200克，红枣50克。

调 料：冰糖适量。

做 法：❶ 将苹果洗净，去皮，切块；红枣洗净，去核。❷ 将苹果块、红枣放入锅里，加入适量清水，煮开后转小火再煮15分钟。❸ 最后加入适量冰糖，煮至溶化即可。

小贴士：红枣营养丰富，具有补中益气、养血安神的功效，做汤时如果使用的是干红枣，可以提前用水浸泡一段时间。

木瓜银耳汤

原 料：木瓜100克，银耳10克。

调 料：冰糖适量。

做 法：❶ 木瓜去皮，去籽，切成小块；银耳温水泡发2个小时，洗净去蒂，撕成小朵。❷ 砂锅内加入水，再放入木瓜、银耳和冰糖，大火炖1个小时后转小火，再炖半个小时即可。

小贴士：由于此汤炖制的时间很长，木瓜会变得异常软烂，如果你不想炖那么久的话，也可以试着用高压锅来做这道汤。

什锦水果甜汤

原料：山楂糕30克，橘子罐头适量，葡萄干10克，蜜枣2颗。

调料：酒酿250克，淀粉适量。

做法：

❶ 蜜枣去核，切成小块；淀粉倒入少许清水，调成水淀粉备用。

❷ 汤锅中加入清水，再加入蜜枣、葡萄干、酒酿，大火煮开后转小火，再煮10分钟。

❸ 加入橘子罐头，煮开；再倒入山楂糕煮开。

❹ 最后加入水淀粉勾芡，搅拌均匀至汤浓稠，关火。

小贴士：煮制这道甜汤的时候不一定非要用橘子水果罐头，加入其他水果罐头或者什锦水果罐头也可。

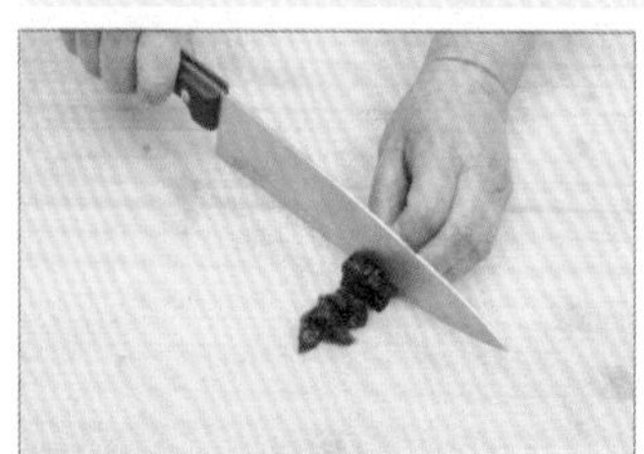

山楂开胃甜汤

原料：山楂200克，梨、苹果各适量。

调料：冰糖适量。

做法：

❶ 山楂洗净，去核；梨、苹果洗净，去皮，去核，切成小块。❷ 锅中放入山楂、梨、苹果、冰糖，加足量水，大火烧开，再转小火煮15分钟，关火。

❸ 凉凉以后，浸泡4小时以上再吃，口感更佳。

小贴士：山楂去核的时候，要用刀在山楂中部滚切一刀，然后掰开，就能将核取出了。

西米猕猴桃甜汤

原料：猕猴桃100克，西米50克。

调料：白砂糖适量。

做法：❶将猕猴桃洗净，去皮取瓤；西米淘洗干净，用冷水浸泡回软后捞出，沥干水分。❷取锅，加入约500毫升冷水，放入西米，大火煮沸，再转小火煮半小时。❸加入猕猴桃，继续煮15分钟。❹最后加入白砂糖调味即可。

小贴士：挑选猕猴桃时，买颜色略深接近土黄色的，果肉更甜一些；做汤时白砂糖可依据个人口味添加，喜欢甜的可以多放些糖。

雪梨山楂糖水

原料：雪梨500克，山楂100克。

调料：陈皮、冰糖适量。

做法：❶将雪梨削皮，去核，切成小块；山楂去核，蒂。❷陈皮洗净，切成小块或细丝备用。❸将切好的雪梨、山楂、陈皮放入汤锅中，加入冰糖和水，大火烧开后改小火炖煮15分钟即可。

小贴士：在制作此糖水的时候，水煮开后，可以用汤勺将山楂逐个压碎，这样做出的汤水会略有些黏稠，口感更好。

核桃冰糖梨汤

原料：梨200克，核桃仁60克。

调料：冰糖30克。

做法：❶将准备好的梨清洗干净，削去皮，去除梨核。❷将处理好的梨与核桃仁、冰糖放在一起捣烂。❸汤锅置火上，将捣烂的梨、核桃仁和冰糖加上适量的水，大火烧开，转小火煮成浓汁即可食用。

小贴士：核桃冰糖梨汤具有养阴生津、润肺止咳的作用，在煮制这道汤时，最好选水分大一些的梨，会煮出很多汁。

橘子苹果甜汤圆

原 料：橘子300克，苹果200克，小汤圆适量。

调 料：冰糖适量。

做 法：❶ 将橘子剥皮，分瓣；苹果洗净，去皮，切成丁。❷ 将橘子瓣、苹果丁、冰糖倒入锅中，加适量水煮开。❸ 最后加入汤圆，煮至汤圆浮起即可。

小贴士：汤圆中一般都包有香甜的馅料，可以煮熟带汤吃，适合用于制作甜汤，但要注意汤圆不要煮太久，否则可能会煮破。

银耳红枣桂圆汤

原 料：银耳30克，红枣10颗，桂圆50克。

调 料：冰糖适量。

做 法：❶ 银耳泡发，洗净去蒂，撕成小朵；红枣、桂圆用清水洗净。❷ 将处理好的银耳以及红枣、桂圆放入锅中，加入1000毫升水，放入冰糖，炖煮约2小时即可。

小贴士：如果用高压锅来制作这道汤，只需将食材倒入高压锅中，大火烧上汽后改小火，压制25分钟即可。

红枣雪梨木瓜汤

原 料：木瓜300克，雪梨150克，红枣5颗，银耳、莲子、葡萄干各适量。

调 料：冰糖适量。

做 法：❶ 红枣、莲子、葡萄干、银耳分别用清水浸泡4小时以上；木瓜去皮，去籽，切成块；雪梨去皮，去核，切成块。❷ 汤煲中放入雪梨、银耳、莲子、葡萄干、冰糖和足量的水，大火烧开，去浮沫，再转小火加盖煮1小时。❸ 加入红枣煮20分钟，最后加入木瓜，煮15分钟即可。

胡萝卜山楂汤

原 料：冬瓜 250 克，胡萝卜 100 克，山楂适量。

调 料：盐适量。

做 法：

❶ 冬瓜去皮，去瓤，用清水洗净，切成块。

❷ 胡萝卜、山楂洗净，切片。

❸ 锅中倒入适量清水，放入冬瓜块、胡萝卜片、山楂片。

❹ 煮沸后，转成中小火，慢慢炖至胡萝卜软烂。

❺ 出锅前加入适量盐调味即可。

小贴士：煮制这道汤时，也可以将山楂去核后整个放入汤中煮；汤中的冬瓜也可以去掉，将调味料换成红糖来煮出不同的口味。

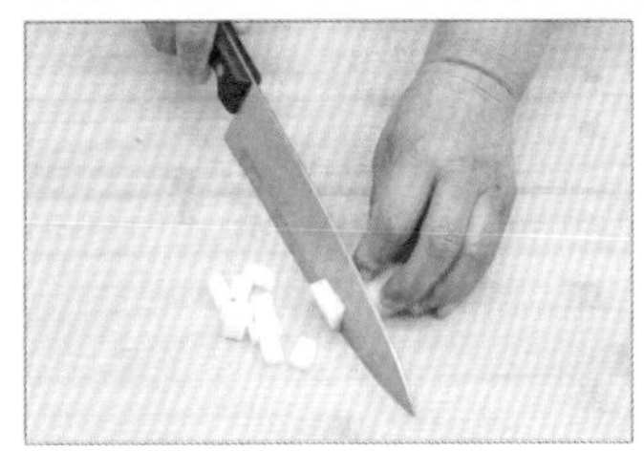

木瓜黑豆汤

原 料：青木瓜 300 克，带皮甘蔗 250 克，黑豆、雪莲、百合、黑枣各适量。

调 料：无。

做 法：❶ 黑豆洗净，泡水 6 小时；雪莲、百合、黑枣分别泡水 30 分；木瓜削皮，去籽，切成小块；甘蔗洗净，汆烫，泡入水中，再清洗干净，切片。❷ 将处理好的甘蔗片和泡好的黑豆倒入锅中，加适量水一起煮 40 分钟。❸ 加入黑枣、雪莲、百合，再煮 30 分钟。❹ 最后放入木瓜丁，煮 10 分即可。

杨枝甘露

原 料：芒果300克，西米30克，西柚适量。

调 料：冰糖适量，椰浆40毫升，牛奶20毫升。

做 法：❶ 芒果去皮，去核，一半切粒，一半打成果泥；西柚剥皮后将果肉揉散备用。❷ 锅置火上，加适量清水，煮开，放入西米，大火煮1分钟后加盖闷至透明，然后用凉水冲净，沥干备用。❸ 将牛奶、椰浆和冰糖加入小锅，加热直到冰糖溶化。❹ 放凉椰浆牛奶，倒入芒果泥中搅拌均匀。❺ 加入西米搅拌均匀，放入冰箱冷冻1个小时。❻ 将柚子果肉和芒果粒加入冷冻好的甜品即可。

黄瓜雪梨豆奶

原 料：黄瓜50克，雪梨、苹果各100克，枸杞子少许。

调 料：白砂糖适量，豆浆250毫升。

做 法：❶ 黄瓜洗净，去皮，切成小块；雪梨、苹果分别洗净，去皮去核，切成小块。❷ 黄瓜块、苹果块分别倒入榨汁机中，搅打均匀，榨成纯汁；梨块放入榨汁机中，搅打成泥状。将纯汁、果泥倒入碗中，加豆浆、白砂糖搅拌均匀，放入枸杞子即可。

小贴士：喜欢牛奶味道的话，你也可以加一些牛奶在这道汤中；做这道汤也可以不加入枸杞子。

雪梨煲无花果

原 料：雪梨300克，胡萝卜150克，无花果12颗，南北杏50克。

调 料：白砂糖适量。

做 法：❶ 雪梨洗净，挖去梨核，切成块；胡萝卜去皮，切成滚刀块；无花果、南北杏洗净。❷ 锅中注入适量清水，加入无花果、南北杏、胡萝卜，大火煮开后转小火煮30分钟。❸ 将雪梨块放入锅中，再次煮开后转小火，煮至雪梨熟软。❹ 锅中加入适量白砂糖调味即可。

银耳什锦水果汤

原 料：苹果 200 克，杏 100 克，大枣 50 克，葡萄干 50 克，枸杞子 25 克，银耳 10 克。

调 料：冰糖 50 克。

做 法：❶ 将银耳泡发，洗净去蒂，撕成小朵；苹果洗净，去皮，去核，切成小块；杏洗净，去核；大枣、葡萄干、枸杞子分别洗净。❷ 锅里放入 1000 毫升的冷水，放入冰糖和银耳，煮沸后再煮 10 分钟。❸ 放入苹果块、杏、大枣、葡萄干和枸杞子，再煮 5 分钟即可。

酸梅汤

原 料：乌梅 12 颗，干山楂片 30 克，甘草 5 克。

调 料：冰糖适量。

做 法：❶ 将乌梅、干山楂片和甘草放入小碗中，用流动水冲洗干净。❷ 在汤锅中加入水，再放入乌梅、甘草和干山楂片，大火烧沸后转小火，继续煮制 30 分钟。❸ 将冰糖放入汤锅中，不断搅拌，直至冰糖彻底溶化。❹ 最后把汤锅中的酸梅汤滤出，在室温下稍稍放凉，再移入冰箱中镇凉即可。

芒果紫薯西米汤

原 料：芒果肉 300 克，紫薯 50 克，西米 30 克。

调 料：白砂糖适量。

做 法：❶ 将芒果肉切成小丁；紫薯洗净，去皮后切成小丁；西米淘洗干净。❷ 置锅火上，锅中加入适量清水，下入紫薯丁，煮至将熟。❸ 下入西米煮熟，然后放入芒果丁，略煮一下。❹ 根据自己的口味，加入适量白砂糖调味即可。

小贴士：芒果煮出来的味道比较酸，因此也可以不放入锅中煮，直接将切丁的芒果放入煮好的紫薯西米汤中也可。

青苹果芦荟汤

原料：青苹果300克，芦荟100克。

调料：冰糖20克。

做法：❶青苹果洗净，削皮，切成小块；芦荟洗净，切成小段。❷锅中加入适量清水，放入苹果块、芦荟段，煮15分钟。❸最后依据自己的口味加入适量冰糖即可。

小贴士：青苹果味道酸甜，果酸含量高。如果没有青苹果，也可以用其他苹果代替。

苹果雪梨桃子饮

原料：苹果200克，雪梨200克，桃子200克。

调料：冰糖适量。

做法：❶将桃子、苹果、雪梨洗净，去核，切成小块。❷将苹果块、雪梨块、桃子块放入汤锅中，锅中加入足量清水，煮沸。❸加入冰糖，小火再煲30分钟即可。

小贴士：苹果雪梨桃子饮是一道具有润肺、除燥效果的水果甜汤，此道汤品可直接饮用，也可放凉后放入冰箱冷藏后再食用。

木瓜糖水

原料：木瓜250克。

调料：冰糖适量。

做法：❶将木瓜洗净后去皮，切块。❷将木瓜放入锅中，加入适量清水。❸大火煮沸后转小火，再煮15分钟。❹煮至木瓜变软时，加适量冰糖，煮至冰糖融化即可。

小贴士：如果喜欢喝比较稠厚的汤羹，也可以在木瓜糖水中加入一些银耳。

苹果红枣鸡蛋汤

原料：苹果100克，红枣5颗，鸡蛋1个。

调料：酒酿1杯。

做法：

1. 苹果削皮，去核，切成小丁；红枣泡软，去核。
2. 将苹果丁和去核的红枣倒入锅中，加500毫升清水，熬煮20分钟。
3. 将鸡蛋打散，倒入锅中，熄火。
4. 再倒入酒酿拌匀，即可食用。

小贴士：经常喝苹果红枣鸡蛋汤，能够使气血旺盛、肌肤丰润光泽。注意倒入鸡蛋时，要边倒边搅拌。

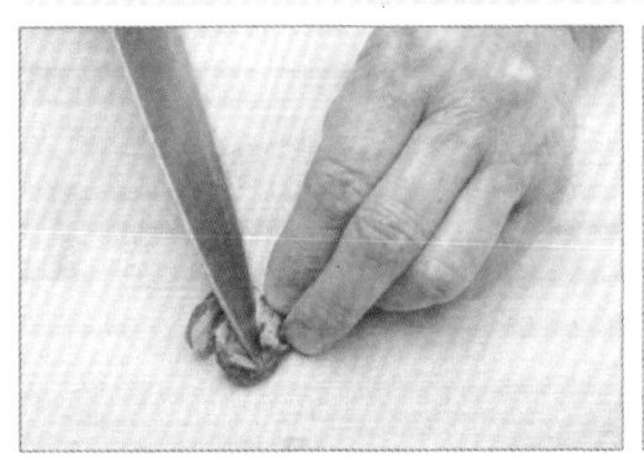

地瓜糖水

原料：地瓜250克，干红枣10颗，姜少许。

调料：冰糖适量。

做法：1 将地瓜洗净，去皮，切成约3厘米见方的块状；红枣用温水略泡，冲洗干净；姜洗净，切片。2 锅置火上，加水煮沸，将红薯块、干红枣和姜片放入，改小火煮60分钟。3 最后加入冰糖略煮，煮至冰糖溶化即可。

小贴士：冰糖的用量可以依据个人口味而定，用大块冰糖口味更佳；如果喜欢红糖，也可用红糖来代替冰糖。

蜜枣苹果雪梨瘦肉汤

原 料：苹果200克，雪梨200克，蜜枣6颗，瘦肉100克。

调 料：盐少许。

做 法：❶ 苹果去皮，去核，切成块；雪梨连皮去核，切成块；瘦肉切片。❷ 砂锅倒入过半的水，放入蜜枣、苹果块、梨块、瘦肉片，煮0.5~1小时。❸ 喝的时候加适量的盐即可。

小贴士：雪梨果皮跟果肉连接的地方是其最有营养的部分之一，因此雪梨不削皮也可用来炖汤。

苹果糖水

原 料：苹果250克。

调 料：冰糖适量。

做 法：❶ 苹果洗净后去核，连皮切片。❷ 将苹果片放入锅里，加入清水煮开后转小火再煮15分钟。❸ 最后加入适量冰糖，溶化后即可。

小贴士：婴幼儿食用此汤饮时可以滤汁服用，大人食用此汤饮时连汤带果肉一起服用效果更好；炖煮苹果的软烂程度可以随自己的喜好调整。

木瓜红梨汤

原 料：木瓜500克，小红梨300克。

调 料：冰糖适量。

做 法：❶ 将木瓜去皮，去籽，切成小块；小红梨洗净，削皮，切成小块。❷ 锅内加水，加入切好的小红梨、木瓜、冰糖，大火煮开，改小火再煮30分钟。❸ 自然凉透后即可食用。

小贴士：红梨的色泽鲜红、味道酸甜，适宜用来煮汤，煮好的汤如果一次喝不完可以放入冰箱冷藏，冷藏后味道更佳。

菠萝雪梨醪糟汤

原 料：菠萝 300 克，雪梨 250 克，醪糟 400 克，银耳 5 克，枸杞子 5 克

调 料：冰糖 80 克。

做 法：❶ 枸杞子用清水浸泡 3 小时；银耳泡发，洗净去蒂，撕成小朵；菠萝去皮，切块；雪梨洗净，去皮，切成块。❷ 把菠萝、雪梨和银耳放入汤煲中，加足量的水和冰糖，大火烧开 3 分钟，去浮沫，转小火加盖炖煮 40 分钟。❸ 放入醪糟煮开。❹ 放入枸杞子，再煮 1 分钟，关火，加盖再焖 20 分钟，凉凉即可。

鸭梨百合汤

原 料：鸭梨 200 克，鲜百合 15 克。

调 料：冰糖适量。

做 法：❶ 鸭梨洗净切块；鲜百合洗净。❷ 将梨块和洗好的鲜百合放入锅中，加入 600 毫升水，再加入冰糖，大火将水烧开，再转小火煮 10 分钟。

小贴士：梨肉、百合有润肺、止咳的功效，梨皮清肺热的效果也很好，因此在制作时要保留梨皮同煮。

雪梨山楂陈皮汤

原 料：雪梨 500 克，山楂 15 颗，陈皮 10 克。

调 料：冰糖适量。

做 法：❶ 将雪梨洗净，削皮，去核，切成小块；山楂洗净，去核，去蒂；陈皮洗净，切成小块或细丝备用。❷ 将处理好的雪梨、山楂、陈皮放入汤锅中，加入冰糖和适量水，水要没过食材，大火烧开后改小火，煮 15 分钟即可。

小贴士：挑选陈皮时，味道甘醇、手感坚硬、内表呈古红或棕红色、外表呈棕褐色或者黑色的陈皮年份更久，味道更好。

雪梨山楂醪糟汤

原料：雪梨200克，山楂糕1块，醪糟500克。

调料：冰糖、水淀粉各适量。

做法：

1. 雪梨洗净，去皮，切成小丁；山楂糕切小丁。
2. 锅中加入适量水和醪糟煮开。
3. 加入雪梨丁，煮开。
4. 再加入冰糖，冰糖溶化后加入适量水淀粉。
5. 最后加入山楂糕丁，即可关火。

小贴士：此汤中加入可以溶化的山楂糕丁，会让汤变得更加浓稠，山楂糕丁也可在刚关火时加入。

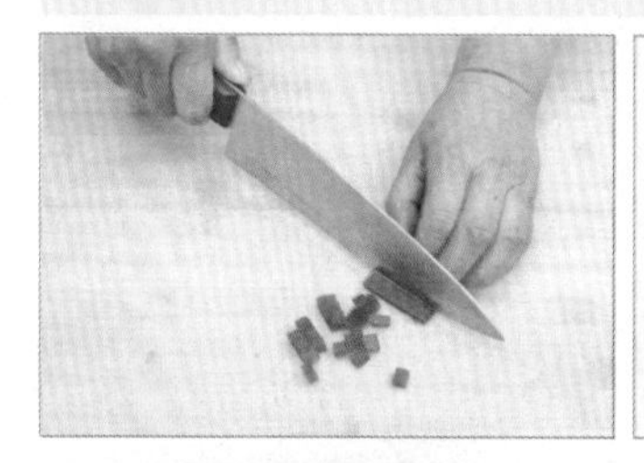

枇杷雪梨冰糖水

原料：雪梨200克，枇杷100克，枸杞子少许。

调料：冰糖适量。

做法：1. 雪梨洗净，去皮，切成滚刀块；枇杷去皮，去核，再去掉枇杷核周围的白膜；枸杞子洗净。
2. 将雪梨块、枇杷和枸杞子放入砂锅中，放入冰糖加适量水，大火煮开，然后小火熬煮半个小时。
3. 凉凉后放入冰箱冰一下，即可食用。

小贴士：枇杷雪梨冰糖水冰爽香甜，有止咳润肺的功效，熬煮此款糖水时可以将削下的雪梨皮放入锅中一起炖煮。

菊花雪梨汤

原料：雪梨200克，枸杞子适量，杭白菊20朵。

调料：冰糖适量。

做法：❶雪梨洗净，去皮，去核，切成约4厘米见方的滚刀块；枸杞子洗净备用。❷将水和杭白菊放入锅中，大火烧沸后关火，盖上锅盖闷5分钟，再将煮过的菊花滤除，菊花水留用。❸将菊花水重新倒入锅中，加入雪梨块、枸杞子和冰糖，大火烧沸后转小火慢慢煮制30分钟。❹汤彻底放凉后，放入冰箱中冷藏，即可饮用。

银耳雪梨山药羹

原料：山药100克，鸭梨200克，银耳、莲子、枸杞子各适量。

调料：冰糖少许。

做法：❶银耳泡发，洗净，去蒂，撕成小朵；莲子、枸杞子泡水备用；鸭梨洗净，去皮，去核，切成小块；山药洗净，去皮，切块。❷砂锅置火上，加水，放入银耳、莲子、山药，大火煮开后转小火炖20分钟。❸加入梨块，小火炖15分钟。❹最后加入冰糖、枸杞子，再炖5分钟，至所有材料软烂，即可饮用。

木瓜银耳蛋花汤

原料：木瓜300克，鸡蛋1个，银耳10克。

调料：冰糖适量。

做法：❶银耳泡发，洗净去蒂，撕成小朵；木瓜洗净，削皮，去籽，切成小块；鸡蛋打进碗里，搅拌蛋液。❷锅置火上，加水煮沸，放入银耳、木瓜煲1个小时。❸加入冰糖，再煮20分钟。❹最后淋入蛋液，快速用筷子搅拌成蛋花，即可关火食用。

小贴士：注意鸡蛋打入后要迅速搅散，动作慢了不易形成均匀蛋花；做这道汤时，不加入鸡蛋也可，即做成木瓜银耳汤。

柑橘银耳羹

原 料：柑橘 200 克，干银耳 10 克，干莲子 30 克。

调 料：冰糖 50 克。

做 法：❶ 银耳泡发，洗净去蒂，撕成小朵；柑橘剥去外皮，掰开成小瓣；柑橘皮洗净，切成细丝备用。❷ 锅中放入冷水 800 毫升，再放入冰糖、莲子和银耳，大火烧沸后转小火炖煮 20 分钟。❸ 最后将柑桔小瓣和柑桔皮细丝放入汤锅中，继续用小火炖煮 10 分钟即可。

小贴士：在购买莲子的时候不要挑选颜色白得不自然的，其可能是漂白的。

芹菜大枣饮

原 料：芹菜 60 克，大枣 30 克。

调 料：蜂蜜适量。

做 法：❶ 将芹菜洗干净，切成段；大枣洗干净。❷ 锅中加入芹菜段和大枣，加水煮开后关火。❸ 冷却后倒出，加入蜂蜜，放入冰箱冷藏，口味更佳。

小贴士：制作芹菜大枣饮的过程中，蜂蜜要在汤汁凉凉后加入，不能煮开立即加入，那样会破坏蜂蜜的营养成分。

山楂姜枣汤

原 料：山楂 50 克，红枣 15 颗，老姜 15 克。

调 料：红糖适量。

做 法：❶ 山楂洗净，去核；红枣洗净，去核；姜洗净，切片。❷ 将所有材料倒入锅中，加适量水，大火煮开，然后再转小火煮 30 分钟即可。❸ 食用之前可以视自己的口味加点儿红糖。

小贴士：山楂酸性会腐蚀铁器，所以最好用砂锅来煮，如果不方便看火的话，也可以使用隔水炖盅来炖。

乌梅大枣银耳汤

原料：乌梅20克，大枣10颗，银耳50克。

调料：冰糖20克。

做法：❶将乌梅、大枣浸泡30分钟，洗净备用；银耳泡发，洗净去蒂。❷锅中放入乌梅、大枣、银耳、冰糖，加适量清水，用小火炖40分钟。

小贴士：如果喜欢吃比较黏稠的羹汤，也可以在制作乌梅大枣饮的过程中先将银耳在锅中多炖煮一会儿。

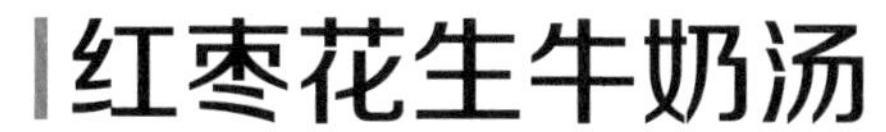

红枣花生牛奶汤

原料：带皮花生30克，红枣3颗，牛奶300毫升。

调料：冰糖适量。

做法：❶花生洗净，泡在盐水中备用；红枣洗净浸泡于冷水中。❷将泡开的花生及红枣放入锅中，加清水，大火煮开，再转小火，煮至花生完全熟透、酥烂。❸根据自己的口味加入适量冰糖，再放入牛奶拌匀后即可。

小贴士：在制作红枣花生牛奶汤的过程中，要注意泡花生的盐水的浓度，只要将盐与水以浓度1%比例混合即可。

山楂决明红枣汤

原料：山楂20克，决明子15克，红枣5颗。

调料：冰糖适量。

做法：❶山楂、红枣分别洗净，去核；决明子洗净。❷将山楂、决明子、红枣同放汤锅内，加适量清水，大火煮沸后改小火煲1小时。❸最后按照自己的口味，加冰糖调味即可。

小贴士：山楂的有机酸含量较高，容易腐蚀牙齿表面的釉质，因此新鲜的山楂不宜多吃，但用山楂煲汤却是一个不错的选择。